纺织服装高等教育“十二五”部委级规划教材

东华大学服装设计专业核心系列教材

刘晓刚 主编

童装设计

第2版

崔玉梅 编著

東華大學出版社

·上海·

图书在版编目(CIP)数据

童装设计／崔玉梅编著. —2版. —上海：东华大学出版社,2015.5

ISBN 978-7-5669-0718-9

Ⅰ.①童… Ⅱ.①崔… Ⅲ.①童服—服装设计 Ⅳ.①TS941.716.1

中国版本图书馆CIP数据核字(2015)第018216号

责任编辑 徐建红

封面设计 高秀静

童装设计(第2版)

TONGZHUANG SHEJI

崔玉梅 编著

出　　版：东华大学出版社(地址：上海市延安西路1882号　邮政编码：200051)

本社网址：http://www.dhupress.net

天猫旗舰店：http://dhdx.tmall.com

营销中心：021—62193056　62373056　62379558

印　　刷：苏州望电印刷有限公司

开　　本：787mm×1092mm　1/16

印　　张：16

字　　数：460千字

版　　次：2015年5月第2版

印　　次：2018年8月第2次印刷

书　　号：ISBN 978—7—5669—0718—9

定　　价：45.00元

前　言

现在的儿童，接触的社会面日益宽广，对服装的要求也越来越高。童装消费早已不是仅仅满足于产品的质量、性能，而是更加注重童装文化内涵，重视童装产品的潜在功能——时尚性、个性化、对孩子起到一些潜移默化的教育作用等等。同时童装设计意识越来越受到中国消费者的关注，童装消费渐渐成为服装又一个消费热点。如今的童装企业也慢慢意识到童装消费阶段中消费者的需求，更加注重对儿童心理的发掘，注重考察现代儿童的思维习惯、兴趣爱好和时尚感悟能力，童装设计更加注重引入时尚元素，更加注重塑造儿童的个性，让消费者消费的不仅是产品，更多的是一种文化、一种生活理念。而且，近几年来，童装需求趋向品牌化，促进了童装市场的品牌发展。总的看来，在中国童装产业未来的发展中，消费趋势、产业结构和营销手段等诸多层面都会发生许多变化。我国童装产业正在经历一个由小到大、由弱到强，不断发展完善的过程。

在这种社会背景和童装发展趋势下，童装产业对童装设计师的要求也越来越高，童装产业对优秀童装设计人才的需求也日趋明显。目前国内服装专业院校教育的现实是：童装产业和市场急需优秀童装设计人员，而服装专业院校却很少能向社会输送合格的童装设计师。童装设计教育作为应用性很强的专业教育，需要与市场紧密结合，为企业服务。在业内外人士纷纷看好童装市场和消费的今天，一个合格的高等院校服装设计专业学生在掌握服装设计基本知识和基本专业技能的同时，应该对童装设计有一个系统的学习，以顺应社会对服装设计人才的需求。而且，目前国内服装设计教育总体现状是与实践脱节，学生缺乏实际动手能力和对社会专业实践和需要的实质性了解。大多数学生仅仅是在纸上画一张漂亮的效果图，或者空有一个美妙的构思创意而不能使其变成现实服务于服装市场。服装设计教育对人才的培养，走的是实用型路线，服装企业需要什么样的人才，学校就应供应什么样的人才。服装设计教学活动要走向社会，学生的设计不能是准理念型的，要拓展思维，具有较强的市场应变能力，学生对服装设计要有足够的理解认识，对服装本身实质性的技术技能掌握到位，才能在毕业后减少自身所学知识与工作中实践应用的磨合时间。

本书针对国内服装专业院校教学现状而写，旨在为专业院校学生提供较为系统的童装设计知识。本教材配合的相应课程建议学时数在50学时左右，课程安排应该在专业两年级以后，学生在学习此课程之前要有相关专业课程的基础，比如服装设计基础知识、服装画、服装色彩学、服装材料学、服装基础结构设计、服装基础工艺等都是其前期课程。

希望本书的写作和出版能给现今童装设计教育提供切实可行的、符合企业人才需求的教学内容，希望专业院校能为童装产业输送更优秀的童装设计人才。市场是检验设计的唯一标准，同时也是检验专业设计教育的最高标准。

崔玉梅

目 录

第一章 概述

童装产业的兴起成为服装产业新的增长亮点,是继成人服装市场后的又一新生市场。童装设计是童装企业工业化生产中的重要环节,强调童装设计意识与文化特征越来越受到广大消费者的关注。对童装基本知识、概念、童装消费分析、童装设计原则等有一个较为系统的了解是深入学习童装设计的基础。

第一节 童装简介

童装是所有服装类别中非常重要的服装类别，由于儿童的生理和心理不同于成年人，因而童装又有其特殊性。

一、童装的概念

童装即儿童服装，是指未成年人的服装，它包括婴儿、幼儿、学龄儿童以及少年儿童等各年龄阶段儿童的着装。与成年人服装意义相同的是，童装也是人与衣服的综合，是未成年人着装后的一种状态。在这种状态组合中，服装不仅是指衣服，也指与衣服搭配的服饰品。与成年人服装不同的是，由于儿童的心理不成熟，好奇心强且没有行为控制能力或行为控制能力较弱，而且儿童的身体发育快、变化大，所以童装设计比成年装设计更强调装饰性、安全性和功能性。（图1-1，图1-2，图1-3）

图1-1 童装设计注重服饰搭配设计

图1-2 童装设计注重安全性

图1-3 童装设计注重装饰性

二、童装发展简介

在很长一段时间的历史中，儿童的穿着就是成人服装的缩小版，从文艺复兴或美国殖民地的肖像画中可以看到，儿童的穿着与当时成人的款式一样，都是相同低领的衣服、裙撑和马裤。

19世纪末期，西方童装终于开始有别于成人服装，他们穿校服，比如所有的女生都穿着黄褐色的服装——深色高系扣鞋、长及小腿肚的裙子和深色袜子。以前的很多童装都是手工制作，衣服做得偏大一点，好赶上孩子的成长；童装缝制得很结实，以便可以传给年龄更小的孩子。也有少数童装出自为数不多的生产厂家，但这些厂家提供的服装款式都非常有限。

尽管20世纪初已有一些设计师专门研究高价位的童装，但直到第一次世界大战之后新式童装才开始商业化生产和销售，童装业的发展紧随女装业发展之后，当妇女无暇自制服装时，童装业便快速发展起来。当女性开始从家庭走出忙于社会工作时，就要为孩子买现成的衣服，有了买方市场，卖方市场自然就会出现。

童装业发展起来的另一个原因是由于生产厂家发现工业化生产的服装比家庭缝制的服装更结实，按扣、拉链的发展以及更耐用的缝纫方法都起着非常重要的作用。比如，缝纫机的针脚比较密实，专业机械可以完成许多人工无法实现的工艺。第一次世界大战后，当生产厂家开始将童装的尺码标准化的时候，童装的发展又向前迈进了一大步。起初童装的尺码很简单，伴随着很多种类和细分的出现，发展成了分类齐全的号型系统。

童装业接下来的重要变化发生在20世纪20～40年代录音机和电影进入美国人生活的时候，很多母亲们都想把女儿打扮得象秀兰·邓波儿(Shirley Temple)，把儿子打扮成英雄牛仔，青少年想要把自己打扮得像朱迪·加兰(Judy Garland)、米奇·鲁尼(Mickey Rooney)以及无数青少年崇拜的音乐明星。20世纪50年代，童装变化的真正革命是通过电视引入美国家庭引起的。广告商发现儿童是最大的电视观众群，可以是广告直接面对的目标。孩子们喜欢看电视也喜欢看广告，适合不同年龄的电视节目可以帮助每个年龄段的观众了解流行的服装款式，从学前的儿童电视教育节目“芝麻街”(Sesame Street)到高中生喜欢的“贝弗利山90210”(Beverly Hills 90210)，而后来的米老鼠俱乐部(Mickey Mouse Club)则拥有20世纪90年代无数追随者。美国洛杉矶地区的服装生产厂家和零售商一直在青少年服装方面很领先。童装广告的另一进展是面向儿童的广播、杂志和报纸。

伴随着计算机辅助操作系统在服装业的应用，童装的设计部分也实现了计算机化，高科技的发展进一步促进了童装业的发展。计算机可以帮助生产厂家对童装的流行趋势做出更快速的反应。童装的面料厂家、生产厂家和零售商还可以通过因特网相互交流。如今，即使最基本的童装系列也尽可能使其时尚化。每年对童装设计的要求在逐渐增加，并且在著名设计师的童装设计中已经开始体现，不过，童装设计必须从商业的角度去看，童装业要有时尚感但并不是时尚业。

我国古代儿童的着装，从和尚衣、百家衣到肚兜等，仅仅是体现了父母的一种理念，即希望这些服装能给孩子带来平安和保佑。之后，童装中出现的小马甲、小马褂等也只是成人服装的缩小版，这些都不能体现童装设计的概念。我国近代意义上的童装是从20世纪30年代洋装进入国内以后伴随着我国近代服饰的发展而出现的。在过去几十年的发展中，由于对童装缺乏科学的认识，对儿童生理、心理缺乏研究以及经济上的匮乏，童装的功能更多的是表现在避暑、御寒、遮羞等方面，一件(套)服装大孩子穿完小孩子接着穿，或者买块面料由父母缝制的情况比比皆是。此时的童装往往色彩暗淡、款式简单、陈旧，根本谈不上儿童身心发育和童装文化的体现。

20世纪90年代以后，我国童装进入了一个快速发展时期，并在款式、色彩、样式等方面呈现出多样化，同时在童装的设计和制作上也开始考虑到儿童的身心特点，使它们既美观大方又易于活动,事实上,儿童的心理特点是变化多端的,比如同样是3岁的儿童,男童和女童对服装款式、图案、色彩以及如何方便穿着等感受是不同的。如果对此进行仔细的研究,并有针对性地开发出适合他们的服装,对这个年龄段的孩子认知世界和感受世界是非常有帮助的,而现在的童装生产厂家已经充分认识到了这一点,童装设计和生产要越来越关注儿童的心理需求和生理特点,同时关注童装所包含的文化内涵以及由此产生的教育功能,品牌化成为目前童装产业发展的最主要特征。

第二节 中国童装消费分析

随着社会经济的发展和消费观念的更新,童装消费经过营销方式变化、消费行为变化和人口环境变化的洗礼,正在趋向成熟和稳步发展。

一、童装消费特点

儿童有其不同于成年人的特殊性,因此,童装消费也有其独到的特点,童装消费主要有以下几方面特点。

(一) 人数多

目前中国是世界上拥有儿童人数最多的国家,中国人口与发展研究中心信息服务部根据统计公报整理的中国主要人口数据显示:中国仅14岁以下的儿童就有2.5亿,再加上15岁以上的儿童总共有3亿多,其中将近1亿为独生子女。如此众多的儿童人数使得童装有非常大的消费市场,而且,随着人民生活水平提高,儿童消费者及家长对儿童衣着品质的要求越来越高,儿童消费者对服装的需求越来越大。

(二) 周期短

儿童成长较快,这使童装具有了使用周期短的特点,童装的穿着时间非常短,尤其是随着物质条件的改善,大多数家长在给孩子买衣服的时候只会考虑当季穿着大小合适,而不会像以前经济相对落后的时候,家长在给孩子买衣服时大都会买大几个号型,一件衣服可以穿几年。所以,童装成为每一个家庭重要的消费支出。

(三) 穿用成衣率高

童装消费结构也发生了变化,自己制作服装给孩子穿的情况越来越少,即使在相对落后的农村或乡镇,大多数家庭也会给孩子买衣服穿,儿童穿用成衣率已经达到非常高的比率。

(四) 消费决定权与年龄密切相关

在童装消费中,儿童往往并不拥有消费决定权,多数家长往往指定品牌购买,但有很多家长会听取孩子们的意见。随着儿童消费意识的不断增强,在购买童装的时候,儿童的意见将在家庭消费决策中占重要地位,因此童装的设计对儿童本身的依赖性不断加强。童装的消费决策呈以下特点:0岁至5岁的学前儿童几乎完全依赖父母的决策;6岁至9岁的儿童随着年龄的增长,个人喜好越来越明显,父母很多时候会根据他们自己的意见购买服装;10岁至13岁的儿童在许多情况下不仅参与购买决策，而且还会逐渐成为家庭购买的主要决策者；14 岁至 17 岁的儿童对自己的服装消费拥有决定权，消费也趋向理性，喜欢时尚，追求自由。

（五）注重服装文化与生活方式的结合

儿童消费群体具有自己独特的个性，在这个数字化时代，儿童大都思想活跃，个性突出，对衣着品味的要求越来越高，越来越注重服装功能性与个性以及与时尚的符合程度。少年儿童的着装已经从追求物质丰富阶段进入了追求生活丰富多彩、追求个性服装所能传达的生活方式阶段。相对于国内品牌，儿童更倾向于认同国外的品牌，主要是这些品牌比较时尚且适合他们的个性。儿童消费者和家长们在接受零售服务和内容价值与消费观念上也都发生了很大变化，品牌形象、店铺环境、购物氛围、导购小姐、售后服务甚至品牌的标志都可以影响他们的购买动机。另外，童装品牌的定位更加清晰，逐渐从年龄段和生理定位走向年龄段、生理、心理三者结合定位。

二、童装消费层次

随着经济水平的提高，童装消费的重心已从原有的实用性转到当今对产品品牌、个性和文化内涵的关注上来。童装的消费水平因家庭经济条件的差异而产生不同的消费层次，通常消费层次可分为三类。

（一）高消费层次

高档童装的价格比较高，童装高消费层次的家庭通常经济条件优越，家长和孩子比较注重生活质量，穿衣比较讲究品质档次，其家长和孩子大都要求童装款式新颖、色彩流行、面料优质、做工精良，甚至要求服装具有整体配套效果，比如，一套服装可能会有整体搭配的鞋帽、包袋、配饰等。童装消费层次较高的儿童更换服装的频率较高，讲究品牌，喜欢买自己或家长喜欢的名牌服装，他们注重的是服装本身而不太注重价格，一般在高档次的商场、专卖店、购物中心等购买喜欢的品牌童装。

（二）中消费层次

中档童装的价格适中，购买这类童装的家庭经济条件也比较好，但并不像高消费层次家庭只要喜欢就不考虑价格，这个消费层次的儿童及其家长一般都既注重服装的品牌、品质，又注重服装的价格，大多倾向于购买中档品牌童装，其服装款式、色彩、面料既跟得上流行，价格又在一个可以接受的范围。中消费层次的家长一般在中档的商场、购物中心、百货商店或中档童装品牌的专卖店选购童装。

（三）低消费层次

低消费层次的家庭通常经济条件比较差，其家长和孩子对服装款式、色彩甚至面料要求不高，对他们来讲，服装从某种程度上更是一种生活必需品，对于服装的文化内涵、品牌附加值等几乎没什么要求。这类家长和儿童在购买服装时不注重品牌，但是特别注重价格，价格是决定他们购买某一服装的首要因素，他们一般在小百货商店、超市、小服装店、小服装市场等选购服装。

据有关调查报告显示，随着人民生活水平和价格心理承受能力的提高，心理价位上移，中国童装消费层次正在整体上移。原来的中消费层次向中高端消费层次漂移，而原来的低消费层次逐渐向中消费层次移动。消费者的变化对市场模式和品牌营销模式提出了变革要求。随着消费者对童装产品安全性等的要求，较高价位已经越来越被消费者理解和接受。从对款式的追求到对面料、品味的追求，一些消费者认为面料的选择能够从一个侧面反映出品牌的设计能力和档次，选用优良面料或环保面料的品牌的产品风格、款式都比较容易让人满意。

随着消费者成长、品牌发展、市场成熟，童装的随机性消费不断提高，但也有不少消费者对某些固定的品牌形成了一定的忠诚度。

三、童装消费需求观念的变化

（一）变化阶段

童装市场历经发展，其消费需求观念和购买行为发生了质的变化。概括其发展过程，大致经历了三个阶段。

第一阶段是量的消费阶段。在上世纪 80 年代初期，我国处于短缺经济时期，当时由于受到市场商品供应不足和家庭收入较低的影响，儿童成衣消费还不能普及，一般家庭在节假日才会给孩子添置新衣，平时孩子衣着大都由家长买布料自己做或织毛衣、毛裤来打扮孩子。人们对童装需求是满足基本生活中的数量上需求。

第二阶段是质的消费阶段。在上世纪 90 年代，当家庭收入提高和购买力增强后，人们追求的是生活质量的提高，消费需求由以前量的消费阶段转为质的消费阶段，精心打扮孩子的生活已成为家庭生活的一项重要内容，消费需求的变化推动了童装品牌经营的发展。

第三阶段是感情消费阶段，当童装市场品牌丰富度提高后，消费者对品牌的偏爱随着社会文明的进步也在升级，消费需求心理趋向以提高生活质量为主。消费需求的变化，将推动童装市场步入发展性消费阶段，有消费能力的家庭对童装需求以满足精神生活和心理追求的情感消费为主，对童装的选择更注重具有品牌文化内涵的品牌童装，以体现家庭的社会地位和社会身份相吻合的个性化需求。

（二）变化趋势

随着童装市场新一轮消费群体的诞生，他们消费观念和消费习惯受到生活质量的改善和社会文明化程度的提高，对童装需求趋向品牌化、个性化和时尚化。未来几年中，童装市场消费对象主要以新诞生的年轻家庭为主，由于这些家庭主要成员年龄都在二十多岁至三十岁左右，他们的消费习惯和需求心理是以品牌商品为主，收入高的以著名品牌为主；收入一般的以大众品牌为主。尤其是新组建的年轻家庭，他们接受教育的程度和文化水平都有所提高，消费观念随着社会进步和社会职业阶层不同，收入水平不同，家庭审美观不同，也会产生消费需求不同。消费需求观念的更新，将会使这部分新诞生消费群体的潜在需求，由现在的注重质的消费阶段向以体现社会阶层身份的感情消费阶段过渡。消费需求观念更新和消费需求的变化，必然会推动企业童装营销策略的变化，通过营销策略的修正来迎合消费需求变化。

第三节　童装设计原则

童装设计也有其要遵循的设计原则，主要包括功能性、技术性、文化性、艺术性、时尚性、经济性几方面。

一、功能性

童装设计的功能性主要指保护身体、防寒防热、贮物、防水、防火、耐脏耐劳等性能，比如婴幼儿装则特别讲究面料的柔软透气和款式、结构、工艺等的安全性、舒适性以及穿脱方便等，同时还要注意服装相关部位的宽松度，比如通常在腰腹部比较宽松以便适合婴儿的体型，臀部宽松以便放入尿片等。根据不同年龄儿童穿着者以及穿着的不同季节和环境来设计童装是功能性设计原则的体现。（图 1-4）

图 1-4　童装设计强调功能性

图 1-5　童装款式、结构、制作的技术要求较高

二、技术性

童装设计的技术性主要指服装款式、结构和制作的科学性以及技术上的可实现性。比如，儿童内衣设计，怎样缝制边缘才不会感觉太硬或者太厚，贴身穿的童装，其图案也要考虑怎样制作才会让儿童贴身穿时不会感觉刺激皮肤，风雨衣要考虑使用什么样的制作工艺才不会漏水，童装设计中的许多因素都要从实用的角度考虑其制作技术。（图 1-5）

三、文化性

童装设计的文化性主要指在童装设计过程中注入文化和人文的因素，童装作为服装文化的载体之一，对儿童的身心健康有着潜移默化的影响，特别对儿童的早期教育有着一定的辅助作用，童装设计特别关注儿童喜欢的各种卡通、动画形象对儿童的影响。童装除了受到自然气候、经济条件的影响外，还会受到儿童所在的社会规范和行为准则的制约，所以，儿童着装既是一种个人行为，同时也是一种社会行为的表现。此外，童装是一种追求美的表现和表达个性的方式，反映出人自身存在的价值，这也是童装文化的体现。（图 1-6）

图 1-6　童装也是一种文化载体

图 1-7　童装设计非常注重设计的艺术性

四、艺术性

童装设计的艺术性主要是指从艺术美的角度来排列童装造型元素、挑选材料、设计纹样、选择工艺以及配饰搭配等等。服装设计是一门艺术，好的服装设计具有很强的艺术表现力，童装设计自然也不例外，在不影响童装实用性、文化性的前提下，尽可能地把童装产品当作一件艺术品来设计。（图 1-7）

五、时尚性

童装设计的时尚性主要指童装设计要迎合时代精神和社会风尚，紧跟服装流行趋势的变化。服装设计具有明显的时尚特征，某个年代某个季节都会有不同的流行服装，包括款式、面料、色彩、细节、配饰等的流行，与时尚相吻合的设计才是好的设计。所以，童装设计师也要善于把握流行。（图 1-8）

图 1-8　童装设计也要紧跟时尚

六、经济性

童装设计的经济性主要指在设计童装时一定要考虑其经济合理性，尽可能降低成本。经济性原则主要体现在工业化服装产品设计中，在服装的批量生产中,哪怕不起眼的一个小小的环节也会影响其生产总成本,所以合理用料是降低服装成本的最关键因素,批量化服装设计的款式在达到设计要求的前提下尽量简洁,这样就可以减少服装的用料。此外,款式简洁的服装,在制作时所需要的劳动量较小,生产时间缩短,厂方用于工时工资的支出减少,成本也会降低。

第四节　中国童装市场简析

每个国家和地区由于其经济条件、地域特点等不同,从而影响到童装市场结构和发展趋势也会有不同的体现。

一、童装市场结构

童装市场结构主要包括童装品牌分布情况与市场占有率、童装企业所有制性质、童装产品结构以及童装市场经营模式,简而言之就是指童装的品牌结构、经济结构、产品结构和经营模式。

(一) 品牌结构

中国童装业在改革开放的三十多年中已逐渐发展成型。国内童装在经过资金及生产管理经验的积累后,涌现出了一些区域品牌。但是国内以委托加工或手工作坊为主的生产型童装企业,其品牌与外来童装品牌在整体形象上相比较而言,仍显出文化的苍白。国内童装仍有大部分处于无品牌状态,一些品牌的市场占有率较低。在市场经济不断发展的今天,当中国庞大的市场向世界打开以后,可以看到受欢迎的附加值较高的童装品牌仍是国外品牌。

市场竞争最终取决于品牌的竞争,只有针对儿童市场的特点以及儿童消费的差异性,并结合企业的目标市场定位,建立品牌市场运作机制,把品牌文化和市场营销策略结合起来,在品牌策划、市场销售推广中注入和提炼新的文化内涵,才能创造具有民族特色的童装。

(二) 经济结构

儿童发育成长较快,童装穿着周期较短,同时由于童装经营风险比成年服装要小,市场进入门槛比较低,这就使得童装市场形成了多渠道流通,各种经济成份参与经营,竞争将会加剧。

从企业所有制性质划分,可分为国内合资企业、中外合资企业、外商独资企业、私营企业和个体工商户等。从童装经营的流通渠道划分,可分为企业自营(直销)、加盟经营、批发经营和授权托管经营等。不同所有制企业根据企业所制定的市场营销策略,采用不同分销渠道和经营模式来组建各自的分销网络。有较多的童装经营企业,为追求经营效益最大化,认识到开发终端营销网络才是实现经营利润最有效途径,并成为企业追求自身发展的主要营销策略。尤其在最近两年时间左右,童装市场每年新诞生的品牌不断增加,品牌与品牌之间竞争不断加剧。针对童装市场日趋激烈的市场竞争环境,不乏有许多童装企业,为迅速占领童装市场,开始建立各自的营销通路或开发多种模式的营销网络,以提高企业品牌的市场占有率。

目前童装市场发展不平衡,低档市场由国有及大部分乡镇企业占据,中档市场由三资、国有、少数乡镇企业占据,高档市场基本上是三资、进口品牌。一些知名国际品牌以质量、款式等优势占领了童装高档市场,这些品牌大都以尽可能高的价格将童装投入市场,以求利润的最大化。高价有利于提高产品名声,树立高档产品形象,高价也有可能使销路不易扩大,但由于利润大,在价格战和促销中掌握主动权。现阶段我国的童装消费主要集中在中档市场,但市场上已经形成具有很强的经济实力的群体,主要是介于 25 ~ 35 岁的家长,据统计,高收入家庭和低收入家庭在服装消费的支出占家庭消费支出的比率并不存在显著差异,可见品牌是不是深得儿童的厚爱,品牌的形象、文化、附加值是否给消费者带来利益才是问题的关键。

(三) 产品结构

中国童装市场正面临转型的关键期,童装行业面临市场性全面调整,新的产业格局逐步形成,童装产品结构越来越呈现优化态势,主要表现在:第一,设计能力提高,很多品牌具有明确的产品风格定位,成熟的品牌之间存在着比较明显的差别。多年的发展,已经培育起一批专业的童装设计师,在童装设计过程中,很多企业不仅做到了基本款式设计、色彩搭配、面料选用,甚至还将设计延伸到了产品的安全性和实用性等细节方面;第二,年龄段越做越宽,目前我国童装的年龄段不均衡问题已经基本解决,很多品牌的产品线已经从婴幼儿延伸到身高 1.6 米的大童;第三,产品细分,童装行业也出现了产品细分现象,一些企业专做毛衣、羽绒服、针织内衣等特色品种,有些为品牌企业贴牌,有些创立专业产品品牌。婴儿服、小童服、中童服和大童服等的专业商家将通过这种消费群体的细分特征,确立不同的定位和经营特色等;第四,系列化发展趋势,一些成熟品牌已经开始进行产品的延伸,从服装延伸到帽、袜、包、服饰品等,还有一些品牌涉及到鞋类、床上用品、婴幼儿用品等,一些企业将品牌系列化,不同年龄段、不同风格、不同档次的产品分开经营。

(四) 经营模式

目前,童装市场经营模式呈多元化格局,大致可划分为:童装批发经营市场和童装品牌经营市场。其中,童装批发经营市场,其营销策略是以满足低端消费需求为经营定位,该类市场特点是大众化、常规化、规模化,价格定位较低,产品批发的销售对象依赖于农村目标市场中具有 1 亿多儿童的低端消费者。国内最有代表性的童装批发经营市场,有浙江省湖州市织里童装市场和广东省佛山市童装市场,该市场已经形成童装产业集群效应。如织里镇童装市场,目前拥有童装企业 4 980 多家,缝纫设备 10 万多台,从业人员 12 万多人,年童装产量 2 亿多件(套),年产值 51 亿元左右,在国内童装市场占有率达到 20% 以上。如广东省佛山镇童装市场,目前拥有童装企业 2 000 多家,从业人员 7 万多人,年童装产量 1.7 亿件(套),年产值 35 亿元左右。这两个地区童装市场已形成了从织布、印染、制造、辅料配套和批发、销售为一体的童装产业链。当该市场童装生产形成产业链后,使童装产品的生产成本明显降低,产品销售价格在童装市场具有较强的竞争力。由于这类市场直接面向终端客户,市场信息反馈较快,企业规模较小,生产调头较快,其生产的产品和款式更新速度以及价格优势,吸引了低端市场需求,并成为童装市场新崛起的“童装名镇”。但随着童装市场营销环境变化和消费需求发生变化,其低端市场受到中、高端市场逐步发展的影响,童装批发经营市场将受到童装品牌经营市场竞争的威胁。在今后几年,童装低端市场将面临低端消费者的购买力提高和消费者品牌意识增强的需求变化,其市场竞争力相应也会削弱。因此,根据童装市场营销环境的变化,发展童装批发经营市场的品牌经营,确立品牌经营理念已迫在眉睫。

二、童装产品发展趋势

有专家预测，未来十年，童装市场消费需求将呈现一个稳步上升的趋势，国内童装市场有着巨大的容量与诱人的发展前景。国内市场童装产品时尚化、品牌化、成人化、高档化、价格两极化、环保化的特点日趋明显。

（一）时尚化

童装的时尚设计要求越来越高，随着社会和经济的发展，儿童的自主意识逐渐增强，时尚类童装市场空间将会越来越大。童装时尚化主要体现在面料和款式上，面料和辅料越来越流行天然、环保的面料，款式上则追求亮片、刺绣、喇叭型裤腿、荷叶边等流行元素在童装设计中的应用。好的童装设计应能够全面考虑不同年龄段儿童的生理和心理特点，能够把面料、色彩、装饰等设计要素与时尚趋势紧密结合。这样的童装才能被对着装要求越来越高的儿童及他们的家长所接受。

（二）品牌化

从目前我国童装业面临的问题可以看出，我国的童装业最缺乏的是品牌建设的意识。童装的品牌消费将成为主流，尤其是知名度较高或市场较成熟的品牌，将成为孩子和家长购买童装时首选的目标。但是与进口品牌相比，我国的童装品牌缺乏竞争力。童装企业首先应该确立自身的品牌形象及产品市场定位，然后根据自身品牌定位仔细地进行市场调研，把握流行趋势，了解消费需求，设计出融入流行元素、符合需求、体现品牌文化的特色产品，应该以品牌建设、发展为主要目标，这样才能顺应童装潮流的品牌化市场趋势。

（三）成人化

童装成人化趋势体现在纯色、深色童装有所增多，款式追随成人服装流行趋势，或时尚成熟或简洁大方，体现“贵族式休闲”。许多童装只要放大到成人尺寸，二三十岁的青年人就完全可以穿着。在一些大商场的童装卖区我们经常会看到，与以往相比，如今的童装款式明显增多，而且很多设计都采纳了成人服装的流行趋势，比如复古、低腰、蕾丝、抽象图案等等。

（四）高档化

童装高档化主要体现在价位较高而设计、款式、面料考究的名牌童装占据一定的市场份额，“史奴比”（SNOOPY）、“米奇”（MICKEY）、“巴布豆”（BOBDOG）等知名品牌在市场上随处可见，消费者在选购童装时也越来越注重名牌。高档童装的市场份额加大，高级童装已为相当一部分城市居民所接受。

（五）价格两极化

童装价格两极化体现在单价几十元左右和几百元以上的童装不难买到。但价位适中、款式新颖，性价比高的童装有时则很难买到。这令收入稳定的城市工薪家庭这一庞大的消费群体很难得到满足。

（六）环保化

讲究环保是未来的童装产业关注的焦点。儿童皮肤娇嫩，对有害物质抵抗性弱，所以在为孩子们选购服装时，家长们首先考虑的就是童装的安全性，尽管这类服装一般售价很高，但还是很受家长欢迎。因此厂家在童装面料的选择时应该要非常注意安全性问题，应该选择吸汗、透气、舒适，对皮肤无刺激作用，甲醛含量也极低的面料作为童装面料。

（七）产品结构更趋合理

面对激烈市场竞争，童装企业要想在市场中找到立足之地，就必须对市场进行充分的调研，

找准自身的市场定位,了解细分市场的详细情况,实行差异化的营销手段,运用灵活的竞争策略,例如:市场上缺乏大童装,那么企业就会以此细分市场为发展目标;童装的国标号型相对滞后,那么企业就会自己进行调研,制定合适的细分市场号型的企业标准。这样,童装的产品结构将会越来越合理。

第五节 童装相关标准简介

童装相关标准很多,其中规定的内容也很多,在此只对某几个主要标准中的主要内容尤其是安全技术规范做一些简介或举例,使童装设计师对童装设计的安全性要求极其重要性有所了解。对于相关标准中的重复性内容不重复列出。

一、GB 18401—2003《国家纺织产品基本安全技术规范》

GB 18401—2003《国家纺织产品基本安全技术规范》(2003-11-27 发布,2005-01-01 实施)为国家强制性标准,规定了纺织产品的基本安全技术要求、试验方法、检验规则等。

童装材料属于纺织品类别,所有童装相关标准首先要遵循 GB 18401—2003《国家纺织产品基本安全技术规范》中对童装的分类要求和各项面辅料指标要求。基本安全技术要求为保证纺织产品对人体健康无害而提出的最基本的要求。新生产的符合该规范的服装,要带有“GB 18401—2003”的标识。

(一) 纺织产品分类

GB 18401—2003《纺织产品基本安全技术规范》中将纺织产品分为 A 类、B 类、C 类。标准里有说明:A 类为婴幼儿用品,即年龄在 24 个月以内的婴幼儿使用的纺织产品;B 类为直接接触皮肤的产品,即在穿着或使用时,产品的大部分面积直接与人体皮肤接触的纺织产品;C 类为非直接接触皮肤的产品,即在穿着或使用时,产品不直接与人体皮肤接触、或仅有小部分面积直接与人体皮肤接触的纺织产品。

婴幼儿用品(年龄在 24 个月以内的婴幼儿使用的纺织品,一般适于身高 80 cm 及以下婴幼儿使用的产品可作为婴幼儿用品)应符合标准中 A 类产品的技术要求;直接接触皮肤的产品应符合 B 类产品的技术要求;非直接接触皮肤的产品应符合 C 类产品的技术要求。婴幼儿用品必须在使用说明上标明“婴幼儿用品”字样。其他产品应在使用说明上标明所符合的安全技术要求类别。

表 1-1 纺织产品分类及示例

类 型	典 型 示 例
A 类(婴幼儿用品)	尿布、尿裤、内衣、围嘴儿、睡衣、手套、袜子、外衣、帽子、床上用品
B 类(直接接触皮肤的产品)	文胸、腹带、背心、短裤、棉毛衣裤、衬衣、(夏天)裙子、(夏天)裤子、袜子、床单
C 类(非直接接触皮肤的产品)	毛衣、外衣、裙子、裤子、窗帘、床罩、墙布、填充物、衬布

(二) 纺织产品的理化性能安全要求

《纺织产品基本安全技术规范》中婴幼儿用品理化性能检测项目包括:耐水色牢度、耐汗渍色牢度、耐干摩擦色牢度、耐唾液色牢度、甲醛含量、pH 值、异味、可分解芳香胺染料等。与其他类型产品的检测项目相比,该类产品增加了耐唾液色牢度的测试。《纺织产品基本安全技术规范》中对服装的色牢度、甲醛含量、偶氮染料、气味、pH 值等健康安全指标都作出了详细规定。

表 1-2　纺织产品的理化性能安全要求

项　　目		A 类	B 类	C 类
甲醛含量/(mg/kg)≤		20	75	300
pH 值①		4.0~7.5	4.0~7.5	4.0~9.0
色牢度/级②≥	耐水(变色、沾色)	3~4	3	3
	耐酸汗渍(变色、沾色)	3~4	3	3
	耐碱汗渍(变色、沾色)	3~4	3	3
	耐干摩擦	4	3	3
	耐唾液(变色、沾色)	4	—	—
异味		无		
可分解芳香胺染料③		禁用		

① 后续加工工艺中必须要经过湿处理的产品,pH 值可放宽至 4.0~10.5。
② 洗涤褪色型产品不要求。
③ 在还原条件下染料中不允许分解出的致癌芳香胺清单。

二、GB/T 22704—2008《提高机械安全性的童装设计和生产实施规范》

中华人民共和国国家安全标准 GB/T 22704—2008《提高机械安全性的童装设计和生产实施规范》(2008-12-31 日发布,2009-08-01 实施)适用于 14 岁以下儿童穿着的服装,标准中对本规范的适用范围、规范性引用文件、术语和定义、信息交流、材料和部件、设计、生产步骤以及材料、服装的检验和测试均作了规定,本教材仅对于本规范中设计人员最需要了解的信息交流、材料和部件、设计部分中的相关主要内容做一些摘录和解读。

(一) 信息交流

本标准规定,设计与生产部门之间应进行信息交流,保证每个部门了解细节并向其他部门提供足够的信息,合作完成具有机械安全性的服装。信息交流包括可能发生的所有危险的评估结果。风险评估包括服装设计、结构、材料、部件对最终使用者产生的机械性危害。

设计师必须事先向采购部门和生产部门提供有关材料部件的要求,可以采用文字、图片、样板或样衣的形式,包括:

——关于服装、设计意图、目标消费者年龄的描述;

——关于附在服装上所有纽扣或四合扣的位置和描述;

——关于附在服装上所有拉链的功能和描述;

——关于附在服装上所有粘扣带的位置和描述;

——关于嵌入服装中所有填充材料和泡沫的位置和描述;
——关于服装上所有松紧带的位置和描述;
——关于附在服装上所有绒球、蝴蝶结或花边的位置和描述;
——关于附在服装上所有绳索和缎带的位置和描述;
——关于附在服装上风帽的描述;
——风险评估描述。

(二)材料和部件

服装材料和部件应从质量有保证的生产商处采购,正确选择护理标签。按照护理标签重复后整理后,部件不被损坏和破裂。评价服装安全性时需考虑后整理类别和频率,所有性能测试都应经过至少五次合适的后整理。

1. 面料

作为服装的组成部分,面料不应对穿着者产生机械性危险或危害。

用于支撑缝合部件(如纽扣)的面料在低负荷下不应被撕破,宜在部件缝合处使用加固材料。

2. 填充材料

用于衬里或絮料的填充材料不得含有硬或尖的物体。童装填充材料要使用较软较轻、没有棱角的材料,便于儿童活动或不致对儿童的身体造成伤害。

3. 线

单丝缝纫线用于加工细薄织物或针织物,童装制作中不应使用单丝缝纫线。在低负荷下,缝合部件(如纽扣)的缝纫线不应被拉断,服装部件脱落强度按规定方法进行测试。

4. 不可拆分部件

(1)纽扣

童装纽扣应进行强度测试。两个或两个以上刚硬部分构成的纽扣,容易引发组件分离或脱离服装的危险,不应用于三岁及三岁以下(身高 90 cm 及以下)童装。纽扣边缘不允许尖锐,防止造成危险。与食物颜色或外形相似的纽扣不允许用于童装。

(2)其他部件

三岁及三岁以下(身高 90 cm 及以下)童装不应使用绒球。花边、图案和标签不能只用胶黏剂粘贴在服装上,应保证经多次服装后整理后不脱落。

5. 拉链

童装拉链的采购应遵循 QB/T2171—2001 金属拉链标准、QB/T2172—2001 注塑拉链标准、QB/T2173—2001 尼龙拉链标准。比如标准中对拉链表面质量的规定要求,同一批号中布带色差应达到 3 级;同条拉链的布带色差应达 4 级;链带摩擦色牢度要达到 3 ~ 4 级;链带耐洗色牢度要达到 3 ~ 4 级;拉链表面色泽鲜艳,手感柔软、光滑、平、挺、咬合良好;整条拉链零部件齐全,链牙整齐,不得有缺牙、坏牙;拉链的下止无明显斜歪,拉开拉合时不得有拉头卡住上止、下止的现象;码装链带每百米长度接头不得超过 3 个;建议童装尽可能使用塑料拉链,塑料拉链可减轻夹住事故的伤害程度。

(三)设计

童装设计师在进行童装设计时不仅要考虑产品的所有号型、各年龄阶段儿童的能力,还要考虑服装在各种情况下的机械性危害，包括失足、滑到、摔倒、哽塞、呕吐、缠绊、裂伤、血液循环受阻、窒息伤亡、勒死等，标准中对以下设计内容均作了规定：

1. 绳索、缎带、蝴蝶结和领带

设计童装的绳索、拉带时，应符合 GB/T 22702《儿童上衣拉带安全规格》(2008-12-31 发布，2009-08-01 实施)的规定，GB/T 22702 中规定七岁以下的幼童上衣的风帽和颈部不使用拉带；设计七岁以上儿童风帽和颈部的拉带时，当服装平摊开至最大宽度时，风帽和颈部不应有突出的带袢，当服装扣紧至合身尺寸时，风帽和颈部的带袢周长不超过 15 cm。当服装放平摊开至最大宽度时，童装腰部和下摆处的拉带露出绳道的长度每处每根均不应超过 7.5 cm，其他部位拉带露出绳道的长度每处每根均不应超过 14 cm。

三岁或三岁以下(身高 90 cm 及以下)童装上的蝴蝶结应固定以防止被误食，且蝴蝶结尾端不超过 5 cm。缎带、蝴蝶结的末端应充分固定保证不松开。可运用恰当的工艺技术，包括套结、热封或在绳索上使用塑料管套。在绳索末端使用塑料管套应能承受至少 100 N 的拉力。

五岁(身高 100 cm 及以下)以下童装不允许使用与成年人领带类似的领带。儿童领带应设计为易脱卸，防止缠绕，可在领圈上使用粘扣带或夹子。

2. 絮料和泡沫

带有絮料和泡沫的服装，其填充材料不得被儿童获取，保证安全可靠。服装生产过程中应确保包裹填充材料的缝线牢固，防止穿着时缝线断、脱。

3. 连脚服装

室内穿着的连脚服装应增强防滑性，如在服装脚底面料上黏合摩擦面。连脚服装一般都是婴幼儿穿着的服装，婴幼儿的自我保护意识和能力都不强，连脚服装的底部充当了袜子甚至室内鞋子的功能，所以其设计一定要注意与地面接触时的防滑性能。

4. 风帽

三岁或三岁以下(身高 90 cm 及以下)儿童的睡衣不允许带风帽；为童装设计风帽和头套时，应将影响儿童视力或听力的危害降至最低；设计师应对勾住、夹住危险进行评估，凡发生问题的地方应采取措施降低危害。

5. 带松紧带的袖口

袖口松紧带过紧或过硬会阻碍手或脚部的血液循环，特别是在婴儿服中需要注意，其设计应参照 GB/T 1335.3《服装号型　儿童》。GB/T 1335.3《服装号型　儿童》现行为 GB/T 1335.3—1997，即将被 GB/T 1335.3—2009《服装号型　儿童》(2009-03-19 发布，2010-01-01 实施)代替。童装生产说明书中应包括伸缩性和弹性测试在内的面料使用记录、关键实验记录等。

6. 男童裤装拉链

五岁及五岁以下(身高 100 cm 以下)男童服装的门襟区域不得使用功能性拉链。男童裤装拉链式门襟应设计至少 2 cm 宽的内盖，覆盖拉链开口，沿门襟底部将拉链开口缝住。

(四) 生产步骤

中华人民共和国国家安全标准 GB/T 22704—2008《提高机械安全性的童装设计和生产实施规范》中还对生产步骤作了规定，童装生产中的缝针控制程序非常严格，包括：确定 1 人负责缝纫针的发放；保证只有指定的人才能发放新缝针；保证收回旧缝针后才发放新缝针；回收所有断针碎片或处理断针服装；记录所有断针事件和处理办法。

童装检验还要使用服装金属扫描探测仪使服装免受金属污染，但不完全代替针控和其他程序。

对于纽扣的钉缝规定中要求，锁式线迹和手缝线迹的工序应得到有效控制，固定在服装上的纽扣应较牢固，链式线迹固定在服装上的纽扣容易脱落，因此不适用于三岁或三岁以下（身高90 cm及以下）童装。

（五）材料、服装的检验和测试

标准中还对材料、服装的检验和测试均作了规定。比如对松线和浮线的检验规定，要求12个月以下（身高75 cm及以下）童装，在手或脚处不应有松线和长度超过1 cm的未修剪的浮线，因为在人体足部或手部，松散未修剪的绳线会包覆手指或脚趾，阻碍血液循环；对外部部件的检验规定，要求对服装制作完成后进行服装检测，不允许与服装无关的部件隐藏在服装内，连脚服装应翻出，保证检测的进行；对于组合部件的检验不允许各部件由于面料破损、缝线损坏等原因从服装上脱落。童装检验必须进行验针，断针是童装中否决性的缺陷。

（六）附录

GB/T 22704—2008《提高机械安全性的童装设计和生产实施规范》将服装对儿童可能产生的机械性危害列在附录中。比如附录A.5：带有绳索的服装易导致勒伤、勾住和缠绊等伤害。非功能性绳索应尽量避免使用，功能性绳索应有安全的设计元素代替。用坚硬部件终结绳索末端，例如套环和铃铛等，可能会增加缠绊的危险，尤其是青少年服装。与成年人领带类似的传统领带易产生勒伤和缠绊的危险。附录A.4则列出了可拆分部件伤害：纽扣是服装意外事故和消费者投诉的最主要原因；其次是四合扣部件，当四合扣与服装分离时，其尖爪暴露在外，给穿着者带来伤害；纽扣、套环、花边等许多部件与服装分离，可能给儿童带来伤害，特别是三岁及三岁以下的儿童。儿童把服装部件放入嘴里、鼻子、耳朵，容易造成窒息危险。

此外，标准中还将服装部件脱落强度的测试方法、纽扣强度的测试方法等分列在附录中。

三、SN/T 1522—2005《童装安全技术规范》

中华人民共和国出入境检验检疫行业标准SN/T 1522—2005《童装安全技术规范》（2005-02-17发布，2005-07-01实施）规定了童装的安全技术要求、试验方法、抽样和检验规则，童装的其他性能按有关的产品标准执行。本标准适用于各类儿童穿着的服装，对婴幼儿装的定义为年龄在24个月以内的儿童穿着的服装。本标准将童装按最终用途分为婴幼儿装和其他童装，其他童装又分为直接接触皮肤童装和不直接接触皮肤童装。

（一）外在质量

标准中规定童装附件应耐用、光滑、无锈、无缺件，不允许有毛刺、可触及性锐利边缘和尖端；三岁及以下儿童穿着的服装不应使用在外观上与食物相似的附件。三岁及以下儿童穿着的服装不应使用含有刚性成分的组合纽扣，组合纽扣为两种或两种以上不同材料通过一定的方式组合而成的纽扣。童装不允许用昆虫、鸟类和啮齿类动物及来自这些动物的不卫生物质颗粒。童装颗粒状填充材料的最大尺寸小于或等于3mm时，应有内胆包裹。童装中不允许有断针。附带供儿童玩耍的小物品应符合GB 6675—2003《国家玩具安全技术规范》（2003-10-09发布，2004-10-01实施）的要求。标识及使用说明符合GB 5296.4—1998《消费品使用说明纺织品和服装使用说明》和GB/T 1335.3《服装号型　儿童》的要求。

（二）内在质量

童装面料的甲醛含量、pH 值、色牢度（耐水、耐汗渍、耐干摩擦、耐唾液）、异味、可分解芳香胺染料符合 GB/T 18401 的要求。三岁以上、八岁以下儿童的服装上的附件如能容入GB 6675—2003 中 A.5.2 测试要求的小零件试验器，应设警示说明。警示示例如下："警告！内含小件物品，可能产生窒息危险，不适合三岁及以下儿童穿着！"

此外，标准中还要求面料燃烧性能、附件镍标准释放量以及填充材料的安全、卫生指标等均要符合相关标准。

（三）包装

童装包装物及童装包装过程中使用的定型用品不得使用金属材料；内外包装材料应清洁、干燥；使用印有文字、图案的包装袋，其文字、图案不应污染产品。

包装用的塑料薄膜袋或面积大于 100 mm×100 mm 的软塑料薄膜厚度应符合 GB 6675—2003 的要求；

塑料薄膜（袋）需附安全警示，塑料薄膜（袋）上应有类似下述警示：

——"请及时将包装袋收好，避免儿童玩耍引起窒息。"

——"应远离儿童，塑料薄膜会吸附在鼻子和嘴上并使人窒息。"

四、FZ/T 81014—2008《婴幼儿装》

中华人民共和国纺织行业标准 FZ/T 81014—2008《婴幼儿装》（2008-04-23 发布，2008-10-01 实施）规定了婴幼儿装产品的术语和定义、号型规格、要求、检验（试验）方法、检验分类规则以及标志、包装、运输和贮存等技术特征。

该标准适用于以纺织机织物为主要原料生产的婴幼儿装及套件。婴幼儿服饰产品可参照本标准执行。此标准作为婴幼儿纺织品中机织产品的补充，与 FZ/T 73025—2006《婴幼儿针织服饰》（2006-11-03 发布，2007-04-01 实施）配合使用，基本涵盖了日常使用的所有婴幼儿纺织品。

（一）理化性能安全要求

该标准主要针对24 个月以内的婴幼儿制定，有其一定的特殊性，标准中对甲醛含量、pH 值、异味、可分解芳香胺染料、可萃取重金属含量及耐干摩擦色牢度、耐水色牢度及耐汗渍色牢度、耐唾液色牢度的合格品要求为强制性条文。标准明确规定，婴幼儿装服饰中的可萃取重金属含量中，砷含量不得超过每千克 0.2 毫克，铜不得超过每千克 25 毫克；最受家长们关注的甲醛含量必须小于或等于每千克 20 毫克。为了保证衣服不刺激婴幼儿娇嫩的肌肤，其 pH 值必须限定在 4.0 至 7.5 之间。标准还明确要求，婴幼儿装中禁用可分解芳香胺染料，并不得存在异味。婴幼儿装的理化性能指标测试中增加了耐唾液色牢度和耐湿摩擦色牢度，要求耐唾液（变色、沾色）色牢度≥4 级，耐湿摩擦色牢度为 3～4 级。优等品的色牢度全部要求达到 4 级以上。

（二）缝制

婴幼儿装针距密度的要求如下：

除特殊需要外，婴幼儿装明、暗线的针距密度每 3 cm 10～14 针；包缝线每 3 cm 不少于 9 针；肩缝、袖窿、领子处的手工针每 3 cm 不少于 9 针，其他部位手工针每 3 cm 不少于 7 针；三角针每 3 cm 不少于 5 针，以单面计算；细线锁眼 1 cm 不少于 12 针，粗线锁眼 1 cm 不少于 9 针，装饰线除外;细线钉扣每孔不少于8根线,粗线钉扣每孔不少于4根线,缠脚线高度与止口厚度相适应。

婴幼儿装各部位的缝份不小于0.8 cm,所有外露缝份应全部包缝,耐久性标签内容清晰、正确,内衣成品的商标、耐久性标签应缝制在衣服外表面。领口、帽边不允许使用绳带,成品上的绳带外露长度不得超过14 cm;印花部位不允许含有可掉落粉末和颗粒;绣花或手工缝制装饰物不允许有闪光片和颗粒状珠子或可触及性锐利边缘及尖端的物质;婴幼儿套头衫领圈展开(周长)尺寸不小于52厘米。

(三)其他

婴幼儿装的面料、辅料标准选用达到婴幼儿装合格品质量要求的面料;采用与所用面料性能、色泽相适合的里料,特殊需要除外;填充物采用具有一定保暖性的天然纤维、化学纤维或动物毛皮,填充物絮片应符合GB 18383的要求。针对婴幼儿爱拉拽衣物、咬衣服的特点,标准规定,纽扣、装饰扣、拉链及金属附件不得有毛刺、可触及性锐利边缘、可触及性尖端及其他残疵,且洗涤和熨烫后不变形、不变色、不生锈,拉链的拉头不可脱卸。各部位熨烫平服、整洁,无烫黄、水渍、亮光。使用粘合衬部位不允许脱胶、渗胶及起皱。

另外,婴幼儿纺织品还应符合GB 5296.4—1998中使用说明的基本原则、标注内容和标注要求以及GB 18401的规定,婴幼儿装在产品标识上要注明不可干洗,还要符合FZ/T 01053—2007《纺织品纤维含量的标识》(2007-07-12发布,2007-11-01实施)中纤维含量的标签要求、标注原则、表示方法、允许偏差以及标识符合性的判定等。

五、进出口服装检验规程第8部分

中华人民共和国出入境检验检疫行业标准SN/T 1932.8—2008《进出口服装检验规程 第8部分:童装》(2008-04-29发布,2008-11-01实施)中规定了进出口梭织童装内在质量、外观质量的检验以及抽样、检验条件和检验结果的判定。本部分适用于各类进出口梭织面料童装的检验,以梭织面料为主的镶拼服装参照使用。本部分适用于年龄在14岁及以下的儿童穿着的服装,其中婴幼儿装是指年龄在36个月(3岁)及以下的婴幼儿穿着的服装。

(一)内在质量的安全性能检测

纤维含量检测、游离水解的甲醛含量检测、PH值检测、色牢度检测、异味检测、可分解致癌芳香胺染料检测等按SN/T 1649—2005《进出口纺织品安全项目检验规范》(2005-09-30发布,2006-05-01实施)的规定执行。而在SN/T 1649—2005中,纺织品的基本安全技术要求直接引用了GB 18401《国家纺织产品基本安全技术规范》中的技术要求,并列入标准的正文。

婴幼儿装可能被幼儿抓起或牙齿咬住的附件应作抗扭力测试和抗拉强力测试;婴幼儿装的附件涂有染料、油漆或颜料的特定元素迁移按GB 6675—2003中相关规定执行;填充材料安全卫生指标和内充羽绒材料均应符合相关标准。

进出口服装检验规程第8部分还以附录形式列出了部分国家对童装的安全技术要求。比如对于甲醛的规定一项,欧盟生态纺织品标签(Eco-Labelling)对婴幼儿纺织品、内衣及床上用品的甲醛含量规定为甲醛/(mg/kg)≤30;瑞士等20国Oeko-Tex Stand100—2005则要求婴幼儿用品(Ⅰ类)不可检出甲醛;法国官方公报 97/0142/F 对 36 个月以下婴幼儿用品的甲醛规定为甲醛/(mg/kg)≤20;芬兰纺织品中甲醛限量法令(210/1998)和挪威环境部有关纺织品中化学物质的法规对 2 岁以下婴幼儿使用的产品的甲醛规定均为甲醛/(mg/kg)≤30。

(二)外观质量的安全性能检测

进出口服装检验规程第 8 部分规定童装附件应耐用、光滑、无生锈、牢固、无缺件,不允许有毛刺、可触及性锐利边缘和尖端,其中附件主要包括:纽扣、金属扣件、拉链、绳带、商标及标志,各类附着物及随附儿童玩耍的小物品。童装中不允许有断针出现,如发现断针则判定全批产品不合格。童装不应用昆虫、鸟类和啮齿类动物及来自这些动物的不卫生物质颗粒。婴幼儿装有绳带、弹性绳或易散绳带盘绕饰物,绳带长度不超过 20 cm,大于时则不可连有可能使其缠绕形成活结或固定环的其他附件。随附供儿童玩耍的小物品应符合 GB 6675—2003 的相关规定。

进出口服装检验规程第 8 部分对童装的针距密度也作了规定,规定要求童装明、暗线的针距密度每 3 cm 不少于 12 针;三线包缝每 3 cm 不少于 9 针;五线包缝 3 cm 不少于 11 针;锁眼 1 cm 不少于 8 针,装饰线除外。

除上面的中华人民共和国国家标准外,常用的童装相关标准还有很多,比如中华人民共和国国家标准 GB/T 22702—2008《儿童上衣拉带安全规格》(2008-12-31 发布,2009-08-01 实施)、中华人民共和国国家标准 GB/T 22044—2008《婴幼儿装用人体测量的部位与方法》(2008-06-18 发布,2009-05-01 实施)、中华人民共和国国家标准 GB/T 23155—2008《进出口童装绳带安全要求及测试方法》(2008-12-30 发布,2009-09-01 实施)中华人民共和国国家标准 GB/T 1335.3—2009《服装号型 儿童》(2009-03-19 发布,2010-01-01 实施,代替 GB/T 1335.3—1997)、中华人民共和国纺织行业标准 FZ/T 81003—2003《童装、学生服》(2003-02-24 发布,2003-07-01 实施,代替 FZ/T 81003—1991)等,童装设计师应该对与童装设计相关的各种中华人民共和国国家标准以及国外相关标准都要详细了解,才能在实践设计中按相关规定进行相关童装的设计。

本章小结

本章对童装发展与现状作了简要介绍,并从童装消费特点、消费层次、产业结构、发展趋势几方面对童装产业进行了分析,这是童装产业相关人员包括决策者、市场总监、销售部门以及设计师必须要熟识的内容,因而也是这一章的重点。作为学习童装设计的人员尤其是专业院校学生应该在了解这些理论知识的基础上多到市场或者童装企业去作市场调研,从而对童装产业有更切实际、更深入的了解。本章还对于童装相关的标准作了简要介绍,合格的童装设计师必须对相关标准非常了解。

思考与练习

1. 调查所在地区或城市三级童装市场，即高档市场、中档市场和低档市场，分别观察不同市场童装的品牌化程度、与童装发展趋势的结合程度、消费群体的特点以及童装产品特点。
2. 在具体设计中如何协调童装设计原则？
3. 查阅并深入了解国内外与童装相关的标准。

第二章 童装设计造型元素及其在童装中的应用

点、线、面、体是服装款式造型设计的基本要素，也是童装设计的基础元素。点、线、面、体四大造型要素在童装上以各种不同的形式进行排列组合从而产生形态各异的童装造型，本章内容从造型的角度来讲解四大造型要素及其在童装中的表现。

第一节 点元素及其在童装设计中的应用

设计中的点有大小、形状、色彩、质地的变化，是相对较小的点状物。点在造型设计中是最小最简洁同时也是最活跃的因素，它能够吸引人的视线，使设计中的点能够引人注目。由于童装大都比较活泼，装饰性元素比较多，所以点元素在童装中使用非常多，如童装上造型奇特的口袋、领结、图案、点状花纹、头饰、饰物、包带等。

点在童装的不同部位会给人不同的感觉，点的大小、形状、位置、数量和排列的不同也会使人有不同的感觉。

一、点的形状

点的具体形状非常多，但从构成点的外形线来看，点基本分为几何形的点和任意形的点。

（一）几何形的点

几何形的点是由直线、弧线这类几何线分别构成或结合构成的，如童装上的口袋、领结、纽扣等，这种点给人以明快、规范之感。（图 2-1）

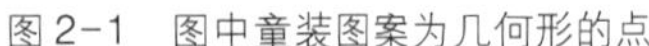

图 2-1 图中童装图案为几何形的点

图 2-2 童装中的点可以是任意形状

（二）任意形的点

任意形的点其轮廓是由任意形的弧线或曲线构成的，这种点没有一定的形状，如童装上用软料随意制成的饰物、各种造型的图案等等。任意形的点给人以亲切活泼之感，童装中这类点应用较多。（图 2-2）

二、点的位置

这儿所讲的点的位置主要是从点排列时的方式和面积来区分的，主要分为局部点的运用和大面积点的运用。

（一）局部的点

局部的点具有比较跳跃、灵活的特点，这类点在童装设计中应用非常广泛。童装上到处可以看到点的运用，有时在领角、前胸、底摆、肩部、背部、袖口等位置，当然也会根据设计需要放在任意位置。局部造型的点可以是单点、两点或多点，只是放在局部位置，面积相对较小。（图2-3）

图2-3 局部点造型的童装

图2-4 大面积使用点的童装

（二）大面积的点

大面积的点在童装中比较有艺术表现力，通常会是一件童装的设计重点或特色，这类点可以是面料本身具有的点，也可以是后期装饰的点，比如童装中大量使用的单个装饰图案。从点、线、面、体的转换性来讲，大面积的点会给人面或体的感觉。（图2-4）

三、点的厚度

点的厚度主要是指点在看上去或摸上去时是立体的还是平面的，由此分为平面的点和立体的点。

（一）平面的点

平面的点是指在童装造型中比较平薄的厚度不大的点，这类点看上去比较规整、平贴、秀气，这类点排列时也可以利用视错觉的排列方法塑造不同的空间感。婴幼儿装中很多小的点状图案以平面图案居多。（图2-5）

图2-5　图中童装图案为平面的点状图案

图2-6　图中童装腰部是立体点状人造花

（二）立体的点

立体的点是指厚度较大、有一定体积感的点，立体的点在制作时通常会使用扭曲、翻折、褶裥、层层粘贴或者加填充物等手法做很多造型，立体的点有一定的体积感，视觉上比平面的点要跳跃、冲击力强，而且这类点在设计制作上通常会比较有特色，童装中经常会使用各种卡通造型的立体的点状装饰，如各种小动物、小花朵、小气球等。（图2-6）

四、点的虚实

童装设计中点的虚实包括两方面，其一，当许多条线并列放置，每一条线都在中间断开，由此形成虚点的集合，比如在童装底摆、袖口、领口经常使用丝带，丝带上下穿插，露出的部分就是点的感觉，这样的点给人以视觉上的层次感和柔和感。其二，由于点的材质和制作方式不同形成点的虚实变化，比如，毛皮、皮革等厚实的面料制作的点大都给人“实”的感觉，而用薄纱、塑料等制作的点则大都给人“虚”的感觉。点的虚实排列可以增加设计上的层次感，娇柔风格女童装

和创意童装中用得较多。(图2-7)

图2-7 纱质面料制作的点虚实相间

图2-8 大小不同的点组合丰富视觉层次

五、点的大小

在童装设计中,不同组合的点会给人千差万别的心理感觉。大小相同的点均匀放置在平面上时,给人一种规则的秩序感,多用于优雅的童装中。大点组合出现感觉大方、刚硬,多用于男童装;小点组合出现感觉柔和、活泼,多用于婴幼儿装和女童装。大小不同的点同时出现时则会让人觉得层次丰富、立体感强,设计中经常依靠变化点的大小排列来取得设计上的层次感。(图2-8)

六、点的数量

点的数量安排对童装设计的效果也有很明显的影响,即使是相同造型的点由于其应用数量不同可能会有完全不同的设计效果。

(一)单点

在童装设计中充分利用单点要素的造型作用,能够强调童装的某一部分,起到画龙点睛的作用。这种情况下,单点的大小、位置与色彩的不同处理,会给童装带来不同的效果。如一件普通的童装,在其胸部一侧设计一个色彩鲜艳的卡通图案,单调的童装立刻生动起来,以单点出现的图案格外醒目。

(二)两点

两点出现在同一个图形中,视觉效果会比单点丰富得多,两点间距不同,位置不同,给人的

感觉会不同。几乎所有的童装都有点的使用,大小呼应的排列方式一般运用于童装中视觉中心的设计,使得设计有组织有重点。

(三) 多点

多点排列在童装中使用可以强化童装的设计。点的数量较多或大小不一的点组合在一起,就会给人以活泼感、层次感。在童装中经常使用这种点的排列取得装饰效果。如女幼童装上经常会同时使用很多小的刺绣图案,感觉活泼可爱,再如多个点的图案或纽扣、袢带等在童装上也经常使用,多点装饰会丰富童装的视觉效果。(图 2-9)

图 2-9 点的数量变化使服装有不同的视觉效果

图 2-10 点的排列要注意间距变化

七、点的间距

点的间距指点在童装上排列的远近疏密,童装设计中的点一定要按照形式美相关原理进行排列,点的排列疏密结合、远近适当可以增加童装的形式美感。婴幼儿装中经常会使用许多柔和的小点状图案,儿童内衣和婴幼儿装经常会使用满地花图案面料,这些相对密集的点可以衬托婴幼儿的活泼可爱,大童装中点的运用则相对比较稀疏。(图 2-10)

八、表现形式

点在童装中有很多种具体表现形式,从大的类别看其表现形式主要有以下几种。

(一) 辅料表现的点

纽扣、珠片、线迹、绳头等都属于辅料类的点的应用,这类以点的形式出现在童装上的辅料往往都具有一定的功能性,同时还具有一定的装饰性。童装上的装饰性点元素较多,如珠片绣、

装饰线迹,纽扣、绳头等的使用,辅料类的点要根据儿童年龄使用,首先考虑安全性。(图2-11)

图2-11 使用辅料形成的点

图2-12 饰品形成的点

(二)饰品表现的点

小手袋、胸花、丝巾扣、造花等属于饰品类,相对于童装的整体效果而言,童装上较小的饰品都可以理解为点的要素。饰品点一般多在前胸、袋边、肩部和腰部运用。饰品一般用于年龄稍大的儿童。(图2-12)

(三)工艺表现的点

刺绣、图案、花纹等属于工艺点的要素。在童装设计中,经过刺绣、镶嵌、印染等不同的装饰手段达到不同的设计目的。花色面料是点的排列在童装上应用最普遍的例子,花色面料中花纹点的大小与面料的比例、配色不同,装饰效果就不同。花纹越大,越能强调其作为点的性质,强化点的印象,大点子图案与小点子图案并置,则会产生别致的韵律感及节奏感,这种花纹经常出现在儿童内衣和婴幼儿装中。通过工艺手法运用在童装上的点的要素,有时往往会是一件童装的设计重点和设计特色。(图2-13)

图2-13 工艺手法形成的点在童装中很常见

第二节　线元素在童装设计中的应用

在几何学上线是指一个点任意移动时留下的轨迹,点的移动轨迹构成线。造型设计中的线不仅有宽度、面积和厚度,还会有不同的形状、色彩和质感,是立体的线。线的组合可产生节奏,线的运用可产生丰富变化和视错感觉,在童装设计中,无论作为结构线还是装饰线,线的使用都非常广泛。

一、线的形状

线的形状是从外形上看线的曲直与虚实,主要分为直线、曲线和虚线,不同形状的线有不同的性格表现,适合用于不同的服装。

(一)直线

直线具有硬直、单纯的性格。直线有垂直线、水平线和斜线之分。直线多用于大童装和男童装,而且经常用于儿童大衣、风衣、夹克、裤装等相对简洁大方的品类。当童装中使用垂直线时,会产生端正、挺拔的感觉。水平线产生横向扩张感,童装中使用水平线时,会产生圆润、饱满的感觉。斜线运用在童装上就会产生活泼轻松、时尚飘逸之感。(图2-14)

图2-14　童装中使用直线单纯利落

图2-15　童装中运用曲线优雅活泼

(二)曲线

一个点作弯曲移动时形成的轨迹就是曲线,曲线在自然界中普遍存在。在童装设计中,曲线的运用给人以圆润、优雅、活泼的感觉。在童装设计中,曲线多用在女童装或婴幼儿装中。(图2-15)

（三）虚线

虚线是由点串联而成的线，具有柔和、软弱、不明确的性格。虚线在童装中几乎不用作结构线，而是较多用作内部装饰线，如用粗线迹做出不同形式的图案，在口袋边角、领口、摆边等处用粗而宽的线迹作装饰等。在休闲风格童装、牛仔童装中经常见到虚线用作装饰线的例子。（图2-16）

图2-16 虚线状的粗线迹常用作童装装饰

二、线的位置

这儿线的位置也是从线使用排列时的方式和面积来理解的，由此分为局部线的运用和大面积线的运用，线的位置不同，其设计效果也不同。

（一）局部的线

线经常用于童装的边缘设计，比如经常用在童装的门襟、袖口、下摆、领围、侧缝等，童装边缘局部运用的线会使得设计比较整齐，同时随着人体的活动又会增加童装的动感。在休闲童装和比较前卫时尚的童装中，局部使用线的位置就比较随意，前胸、后背、衣身或裤片的任意处都可以根据设计师的喜好随意使用各种造型的线。局部使用线造型具有很好的装饰点缀效果。（图2-17）

图2-17 局部造型的线具有很好的点缀装饰效果

（二）大面积的线

大面积造型的线是指童装中线条的使用面积比较大、比较引人注意，比如多片面料的层叠、数条蕾丝花边的使用、童装通体使用的装饰线或者面料本身的各种线形纹样等，这些大面积的线造型配合材质特性、色彩、形状、粗细等方面设计因素，往往比较有设计特色，是设计师要强调的设计部分，具有很强的艺术表现效果。（图2-18）

三、线的粗细

线的粗细包括两个方面，一是线的宽

窄,二是线的厚度。粗线运用在童装中给人有力、厚重的感觉,男童装会经常使用;细线运用在童装中给人可爱、细腻的感觉,女童装中用得较多。不同粗细的线条搭配使用则会增强童装的层次感和设计感。

图 2-18 整件服装使用线造型具有较强的艺术效果

(一) 线的宽窄

线的宽窄对童装也有很明显的影响,宽线条看上去明显,给人比较随意、跳跃、刚硬的感觉,多用于男童装设计和休闲装设计;细线条看上去不太明显,给人隐蔽、柔和、优雅的感觉,多用于优雅风格童装、娇柔风格童装的设计。(图 2-19)

(二) 线的厚度

线的厚度主要是指纵向看上去线的粗细,是指线的立体和平面之分。

1. 平面的线

平面的线是指在童装造型中比较平贴的线,这类线看上去比较规整、大方,优雅女童装和娇柔风格童装中经常使用这类线,可以使用线迹、刺绣、蕾丝、分割线等不同表现形式,平面的线也可以利用视错觉的排列方法塑造出层次感。(图 2-20)

图 2-19 线的宽窄变化排列增强视觉效果

图 2-20 平面的线感觉比较规整

2. 立体的线

立体的线是指有一定厚度和体积感的线，立体的线通常会使用层叠、堆砌、扭绞、搓捻或者加填充物等手法形成，在设计制作上会比较有特色，视觉上比平面的线要明显、刺激，具有较强的设计感和表现力，这类线在创意童装、前卫童装或休闲童装中经常使用。(图 2-21)

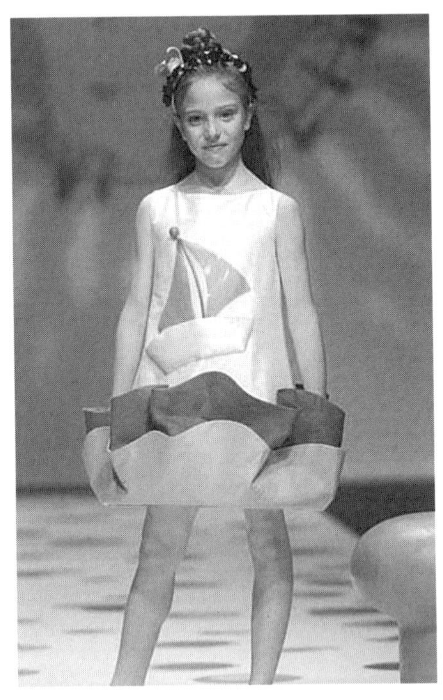

图 2-21 立体的线比较有设计感

图 2-22 透明与不透明材质制作的服装有虚实相间的线条表现

四、线的虚实

线的虚实也有两种表现，一是线条本身是虚线或实线；二是线条形式的面料是厚实或不透明的，给人比较"实"的感觉，线条形式的面料是轻薄或透明的，给人"虚"的感觉。一件童装中完全使用"虚"的线条会感觉轻飘、柔弱，使用"实"的线条则会感觉沉闷、厚实，而线的虚实排列则可以增加设计上的层次感。比如，一块纱质面料做成童装穿在身上，里面的皮肤若隐若现，看上去有点"虚"的感觉，如果将不透明的面料剪成很多布条拼接在童装上，这件童装就会感觉虚实相间、动静有致。(图 2-22)

五、线的间距

童装设计中线的间距指线在童装上排列的远近疏密，童装设计中的线也一定要按照形式美相关原理进行排列，等距离排列的线感觉非常整齐，但是同时也会觉得呆板，随意排列的线条则比较灵活；线的间距小比较容易突出设计部位，但排列不恰当会觉得繁琐，线的间距大则会有散的感觉。线的排列一定要合理安排间距，同时结合线条的粗细、形状等因素可以增加童装的形式美感。(图 2-23)

图 2-23　线的排列间距变化可丰富视觉效果

图 2-24　线的长短变化使服装不会呆板

六、线的长短

童装设计中的线条也有长短之分，且不同长短的线条会给人不同的感觉，短线条显得干脆利落，长线条显得柔美飘逸，长短线条搭配使用时，短线条有后退感，长线条则会感觉向前移动，所以可产生丰富变化和视错的感觉，增加童装的空间感。（图 2-24）

七、线的表现形式

线在童装中主要通过造型线、工艺手法、服饰品和辅料等表现。

（一）造型线表现的线

童装中的造型线包括童装的廓形线、基准线、结构线、装饰线和分割线等。童装的廓形是由肩线、腰线、侧缝线等结构线组合而成的，是童装中典型的线构成形式。童装的裁片是以各种线的形式表现的，这些线称为结构线或分割线，是构成童装必不可少的线。童装上除了不可缺少的结构线以外，还有出于美的需要而运用的各种装饰线条。装饰线在童装中使用较多，有些线条有时出现在结构分割线的部位与之相结合形成结构装饰线。纯装饰线则可出现在童装的任意部位，作为纯粹为了强调童装的美感而运用的装饰性元素，没有什么功能性和实用意义，这类线条可根据设计需要和设计心情自由发挥，而且一般不太会受工艺的限制。（图 2-25）

图 2-25　童装多层裙摆线条感很强

（二）工艺表现的线

运用嵌线、镶拼、手绘、绣花、镶边等工艺手法以线的形式出现童装上的构成元素，往往有其独特的工艺特点，成为童装的设计特色。运用不同的工艺手法在服装上形成线的感觉是童装设计中经常采用的手法，它可以丰富童装的造型、增强童装的美感。如女童衬衣前面多条缝褶的运用、童装内衣上花边的运用；很多女童套装也在分割线处或领子边缘拼接不同颜色或材质的布条，形成或平行或交叉的线性装饰；女童裙子的底摆、裤子的脚口、上装的袖口、领边等经常成排使用绣花或流苏等；节日盛装或表演装上则经常用亮片、珍珠、人造宝石等缀缀出各种线的形状，形式自由活泼而又富有韵律感。童装上工艺线条的种类非常繁多，只要掌握了各种线条的性格特点以及形式规律，再对各种工艺特色有所了解，就可以运用自如，在设计中随意发挥，创造出各具特色的服装形式。（图 2-26）

图 2-26　花边是工艺形式的线

图 2-27　包带成为很好的装饰线

（三）服饰品表现的线

在童装上能体现线性感觉的服饰品主要有挂饰、腰带、围巾、包袋的带子等。这些饰品通过色彩、材料和形状的不同变化，就会表现出多种不同的设计效果。从造型要素角度讲，线性服饰品可以与童装裁片的"面"构成相呼应，对童装形成造型层次上的补充。如一件色彩单一的连衣裙，如果在中间束一条材质和色彩不同、造型特别的腰带，就会打破原本造型的单调，增加了设计的层次感。一件款式简洁的儿童 T 恤配一个小背包，将包带进行颇有创意的设计，就会打破原有形式上的单调感，形成对 T 恤衫的漂亮装饰；儿童外套、羽绒服等冬装则可通过与围巾或其他饰品搭配取得丰富的视觉美感。（图 2-27）

（四）辅料表现的线

童装上表现线性感觉的辅料主要有拉链、子母扣、绳带等，兼具使童装闭合的实用功能和

各种不同的装饰功能。这类辅料在运动装、秋冬装使用得比较多。现代服装设计中，拉链的品种非常繁多，色彩、材质、形状等都较以前有了很大的突破，拉链头的造型也是分别适应不同的童装进行设计，装饰功能越来越明显。拉链可运用在童装的多个部位，如用在门襟、侧缝、领围线、袋口、帽子、袖口、脚口、膝盖等处，在童装上可重叠排列、粗细长短交错搭配，还可充分运用彩色拉链丰富的色彩变化，这都会在童装设计中形成丰富的层次感和饶有趣味的韵律感。绳带和子母扣等也是许多童装上经常用到的辅料，根据不同的设计要求可自由选用，如尼龙绳带、布绳带、丝带等。(图2-28)

图2-28 色彩跳跃的吊带和抽带成为女童裙装很好的装饰

第三节 面元素在童装设计中的应用

面是线的运动轨迹，是有一定广度的二次元空间。几何学里面可以无限延伸，但却不可以描绘和制作出来。造型设计中的面可以有厚度、色彩和质感，是比“点”感觉大、比“线”感觉宽的形体。面大体上分为平面和曲面。

一、面的形状

面的形状主要有直线形、曲线形和随意形三种形状，在童装中分别有不同的性格表现和使用范围。

(一) 直线形的面

通常长方形、正方形和三角形称作直线形的面。直线形的面具有明确、简洁、秩序性的特点，用在童装设计中感觉干脆、利落、现代感强，通常用于男童装和儿童大衣、风衣、T恤衫、夹克衫、抱被、睡袋等服装品类。

长方形、正方形的面给人平稳、呆板的感觉，在童装廓型里面普遍使用。三角形的构造、方向、均衡具有更复杂的性格，“A”形童装造型是三角形在童装上运用的普遍而典型的例子。(图2-29)

图2-29 直线形的面感觉平稳利落

（二）曲线形的面

圆形、椭圆形等称作曲线形的面。圆是最单纯的曲线围成的面，在平面形态中最具有静止感。在童装设计中为了衬托儿童圆润、胖乎的体形经常使用曲线形的面。（图2-30）

图2-30　曲线形的面感觉圆润活泼

（三）随意形的面

正是由于线还有随意画出的自由曲线，所以由自由曲线圈出的面就是随意形的面。随意形的面随意、自如、轻松，充满情趣。曲线形的面和随意形的面用于童装大都作为装饰性图形出现，有自然的特性，其装饰效果柔和、优美、富于变化，趣味性强，有时还会具有异国情调。（图2-31）

图2-31　任意形的面富于变化、趣味性强

二、面的大小

在童装设计中，不同大小的衣片是组成童装的基本元素，这些衣片都是面的表现，大面积衣片制作的童装比较朴实大方；小面积衣片拼接成的童装比较活泼柔和，童装中的衣片经常分割较多。衣片大小相同或相近时感觉整齐，但设计死

板;衣片大小不同时感觉层次丰富、立体感强。大小不同的衣片按一定的规律排列时,还会有一种韵律感。(图 2-32)

图 2-32 大小不同的面排列会增强服装的韵律感

三、面的虚实

面的虚实主要是通过不同厚薄的面料或面料的肌理效果来表现,与线的虚实类似,由于面的面积比线大,所以如果使用透明面料来表现“虚”的效果时,通常会在“虚”面增加其他设计,以弱化“虚”的感觉。面的虚实相间同样会增加设计的层次感,但在童装中使用不多,多在娇柔风格女童装和创意童装中使用。(图 2-33)

图 2-33 服装衣片虚实相间、朦胧别致

四、面的表现形式

服装裁片、大面积图案、扁平服饰品以及各种工艺手法形成的面是童装中的面最常见的表现形式。不同形式表现的面其造型特征和具体应用都不同。

（一）童装裁片表现的面

童装是由裁片组合而成的，除了一些极少的点、线形式的裁片以外，大部分童装裁片都是一个面，童装是由这些面围拢人体形成的体。童装的裁片经过缝合出现在同一个面上，这样的童装显得非常规整大方。有些童装的裁片则会层叠出现在不同的面上，再经过不同面积、形状、材质或者多种色彩的搭配，使童装的视觉效果非常丰富、富有层次和韵律感。这在女童节日装或表演装中最为明显。不同色彩的童装裁片拼接在一起时面感较为突出。值得注意的是，同色面料拼接，呈现出线造型特征。只有不同色面料拼接时，才会产生面造型特征。（图 2-34）

图 2-34　童装中常见裁片分割拼接，使服装具有较强的层次感

（二）图案表现的面

图案是童装中的重要元素，童装上经常会使用大面积装饰图案，而且图案往往会成为一件童装的特色，形成视觉中心。装饰图案的材质、纹样、色彩、工艺手法非常丰富，可以很大程度上弥补面的单调感。大面积使用装饰图案的童装一般造型利落，结构简单，一般为单色面料，整件童装上很少同时使用多种颜色。（图 2-35）

图 2-35　大面积图案可弥补面的单调感

（三）服饰品表现的面

童装上面感较强的服饰品主要有非长条形的围巾、装饰性的扁平的包袋、披肩等。服饰品表现的面在一些创意童装和表演装中较多使用。（图 2-36）

（四）工艺表现的面

用工艺手法在服装上形成面的感觉是许多童装经常用的手法。这兼有图案的某些特点。一是对面料的部分再造，经过不同工艺在面料上缝制成线形，再由点线的纵横单向排列或交叉排列形成面；或者先缝制出单个点的造型，点的排列形成线，再通过线的排列形成面。二是在面料上缝上珠片、绳带等，经过排列组合形成面。女童裙装、衬衣、表演服装或节日礼服经常使用这种手法。（图 2-37）

图 2-36 扁平的包袋面感很强

图 2-37 图中前胸部分是女童装常用的工艺装饰手法

第四节 体元素在童装设计中的应用

体是面的移动轨迹和面的重叠，是有一定广度和深度的三次元空间，点、线、面是构成体的基本要素。童装设计上的体有色彩、有质感。为了方便儿童活动或者体现儿童圆润可爱的感觉，体在童装中的运用较多。

图 2-38 童装中的体可以是任意形状

一、体的形状

因为点、线、面是构成体的基本要素，点线的排列集合、点线构成的内部空间都会形成体，所以体的形状千差万别，点线面的任何形状都可以转化为体的形状。童装中的体可以是圆形、方形、任意形，只要是设计需要而且工艺上能够实现，童装中的体可以是任意造型，比如动物造型的服装、汽车造型的背包、花朵型的立体口袋都可以随意运用在童装中。(图 2-38)

二、体的大小

大小不同的体在童装中可以表现出笨重、厚实、突兀、活泼等感觉。造型比较夸张的裙身或大的零部件、装饰通常会有一种稳重感；冬装中用厚重的面料表现的体则大多显得厚实暖和；童装上体积较大的装饰物或零部件以及使用工艺手法制作的有一定厚度的图案会让人感觉突兀于童装之外，非常醒目；童装上体积较小的体则会有一种活泼跳跃的感觉；在童装上较多使用有一定体积感的非点性的饰品等。（图2-39）

图2-39 体的大小会使服装具有不同的观感

三、体的虚实

体的虚实主要根据形成体的元素和方式而定。用面料表现体的虚实与点、线、面的虚实表现相同。过多的虚体放置在一起显得太轻飘，过多的实体排列则会显得太笨重，所以，体造型的使用也要注意虚实变化以体现设计层次。在童装设计中依靠体的虚实变化来表现童装层次运用较少，多用于舞台表演童装和创意童装。（图2-40）

图2-40 虚实交错的体

四、体的表现形式

在童装中，体感强烈是指童装衣身的体感强、有较大的零部件明显凸出整体，或童装局部处理凹凸感明显。体造型形式的童装显得很有分量。童装中的体造型主要通过衣身、零部件和服饰品来表现。

（一）衣身表现的体

为了表现儿童的可爱，同时也为了适应儿童的体

型,童装衣身的整体感觉经常会感觉宽松浑圆有一定的体积感。如童装蓬松的大身、裙体、皱褶面料反复堆积的服装、灯笼裙、灯笼裤等。此外,冬装的体积感也相对较强,如肥大蓬松的羽绒服、毛皮大衣等。体感较强的衣身通常在制作上工艺复杂、程序繁多,比如缝制之前首先要加多层衬料对衣片进行定型或者在双层材料中间使用填料使之膨起。对于一般的实用童装来说,可能不会有太过强烈的体积感,但在许多表演性服装设计和仿生设计中体造型表现却非常明显。(图2-41)

图2-41 蓬松滚圆的体造型是婴儿装和幼童装中最常见的服装款式

(二)零部件表现的体

突出于服装整体部位的较大零部件大都具有较强的体积感。如男少年服装上造型奇特的立体袋,休闲服装上的大装饰袋,女童服装上使用的灯笼袖、束肘袖,演出服上造型夸张、蓬松凸起的大领子等。这种零部件同衣身的制作一样工艺复杂,需要有精湛的制作技巧,对面与面或体与体之间的接合转折都要经过精心缝制,较多使用立裁方式。而且在定型整烫时也要小心不要破坏造型效果,一般使用蒸汽喷雾的熨烫方式。多选用塑型效果较好、容易定型的面料。童装为了突出儿童天真可爱的特点,经常会使用一些较为夸张的局部设计,这些局部通常都会有突出于衣身的体积感。(图2-42)

图2-42 女童裙装和上装中使用最多的袖子是泡泡袖、灯笼袖等

(三)服饰品表现的体

服装上体积较大的三维效果的服饰品如包袋、帽子、手套等都是体造型。包袋、帽子是童装上体感最为明显而且也是服装整体搭配中使用最多的服饰品。(图 2-43)

图 2-43 背包是童装中体感明显的饰品之一

本章小结

点、线、面、体造型元素是童装设计中的基本元素,任何童装都离不开这四种元素的应用,四种造型元素的单一应用或综合应用,再配合不同面料、色彩、工艺、配饰和其他设计元素,就可以变化设计出千姿百态多种多样的童装。每一种造型元素在童装设计中具有什么样的造型特点、有哪些表现形式、如何在设计中具体应用,以及不同的造型元素或同一造型元素不同的组合方式适合用于哪些童装品类等,本章就这些问题结合儿童这一消费群体的特点进行讲解,这些都是童装设计师所要掌握的基本设计知识。

思考与练习

1. 造型四大元素各有哪些造型特点?
2. 造型四大元素在童装设计运用中如何与色彩、面料、工艺等相关设计元素协调运用?
3. 利用单一造型元素各设计 1 款童装,要求单一元素造型特点突出。
4. 利用综合造型元素设计 2 款童装,要求各元素都有一定的量感,但各元素间协调统一,多而不乱。

第三章 童装廓型设计和部件设计

廓型是区别和描述服装的重要特征，服装造型的总体印象是由服装的廓型决定的，它进入视觉的速度和强度高于服装的局部细节，对服装的整体造型起着至关重要的作用。服装的廓型还能反映出穿着者的个性、爱好等内容，长、短、松、紧、曲、直、软、硬等造型的背后，包含着审美感和时代感，折射出穿着者的品性。服装的部件设计是服装廓型以内的零部件的边缘形状和内部结构的形状。服装的部件设计可以增加服装的机能性，也能使服装更符合形式美原理。从部件设计中还能看出流行元素的局部表现。更重要的是，部件设计处理得好坏更能体现出设计者设计功底的深浅。

第一节　影响童装廓型设计和部件设计的主要因素

儿童是一个不同于成年人的特殊群体，无论从生理还是心理都有其特殊性，童装廓形设计和部件设计既要遵循服装廓形设计和部件设计的基本规律，同时还要考虑儿童生理和心理的特殊需要。其影响因素主要有以下几方面。

一、服装风格

服装风格是设计者努力营造的内容之一，造型的背后隐含着风格倾向，在童装廓形设计和部件设计之前主动对造型进行定位，确定某种风格并努力表现出来，会使设计方向更加明确，有利于设计的实际操作。

二、流行因素

市场流行因素对童装廓型设计和部件设计的影响也很明显，比如，当市场流行灯笼裤时，各种肥大宽松的O型裤装就会受儿童消费者青睐，流行小翻领时，各种造型可爱的小翻领就会纷纷面世。设计师在设计童装廓型和部件时，一定要结合当前流行，才能设计出好的童装作品。

三、儿童体型

儿童处于成长期，体型随着生长发育会不断变化，童装廓形和部件设计要考虑到儿童成长发育的需要，所以受儿童体型的影响更大，比如婴儿装和年龄较小的幼儿装在廓形设计中还要考虑尿不湿的运用，在领型设计中要注意衣领不要太高等。儿童体型不同于成年人体型的特殊性是童装廓型和部件设计的重要参数。

四、儿童心理

儿童活泼好动，好奇心强，喜欢鲜艳的色彩和各种卡通的造型，婴幼儿还喜欢把身边任何东西都看成有生命的个体，喜欢把他们当作自己的玩伴。儿童的这些心理都会给童装设计师独特的设计空间，成为影响童装设计的重要因素各种有趣的或卡通造型的服装廓形及部件都可以应用到童装中。

五、造型

童装廓形和部件的造型比成人服装更具变化，可以使用任意具有童趣的造型，如动物造型的廓形和口袋，花瓣形状的领子，通过增加童装的趣味性体现儿童活泼的天性。在童装造型设计中，部件处于哪个位置是一个非常重要的问题，完全相同的两件童装会因零部件位置的变化产生完全不同的结果。位置选择到位会加强童装造型的设计感和装饰性。

六、色彩

色彩对童装廓型和部件具有很大的影响。比如，白色可能不适合很大的O型廓型，比较夸张的口袋或领子也可能会选择深色。为了体现儿童的天真可爱，各种卡通的或者有趣的部件通常会使用较鲜艳跳跃的色彩，以此体现局部设计而成为设计的视觉中心。

七、材质

服装的廓型线往往很大程度上会受面料的影响，同一款式甚至相同尺寸的服装，由于面料不同，其廓型可能会相差很大，比如，A型裙用丝绸面料由于其悬垂性好，可能会显得像筒形，而用牛仔可能会是较大的A字形。童装部件设计中使用不同的材质是童装装饰设计的常用手法之一。相同的童装部件使用不同的材质会有完全不同的设计效果，比如女童装外套的大翻领，使用毛皮会显得高贵，使用与服装本身相同的面料则显得大方。

八、工艺

工艺手法对童装廓型的影响也会很大，不同的工艺可以使相同的服装廓型产生非常不同的外观效果。尤其在科技高度发展的今天，服装的加工方法和工艺手段也是越来越新颖和严谨，这不仅很大程度上拓宽了服装内结构设计，同时使得服装廓型设计也有了更大的发挥空间。许多童装部件设计的巧妙之处也在于其工艺手段的精巧，同样的内部造型会因为工艺的不同而影响其效果，童装设计者要学会在部件设计中运用工艺手法。运用特色工艺可以巧妙地表达设计构思，如同样是口袋上的镶边，用刺绣和用穿珠片效果会大不一样。

九、运动

这主要是从服装的功能性和实用性角度来考虑童装廓型和部件的设计。儿童是非常好动的，每种动态对服装造型都有不同的要求，服装廓型必须适应儿童的运动，所以在进行服装廓型设计时必须考虑服装廓型与人体运动之间的空隙度，服装与运动的关系等。例如，我们都知道O形、H形特别适用于童装设计中，除了顺应儿童体型外，很大程度上也是为了便于运动的实用功能。童装的部件设计也要考虑到儿童运动时的方便性和安全性，比如婴儿装扣带的设计，要考虑到婴儿翻身时不能缠绕脖颈等。

十、附件

除了较为夸张的附件会对廓形产生影响外，附件主要对童装的部件设计产生影响，在童装部件设计中，巧妙运用附件强调细节造型也是一个设计手法。服装附件的种类很多而且各具功能，恰当地将附件结合到局部造型中去，不仅增加童装的功能，也会带来一定的美感。附件一般包括带、绳、扣、钩、钮、拉链、挂件、标牌等。造型平淡的服装，加了附件和装饰会取得非常美妙的效果。

第二节　童装廓形设计

儿童体型有其特殊性，比如没有明显的三围差，婴幼儿肚子滚圆，挺胸突肚，脖子较短等，而

且还要考虑其他影响因素，这些特征都会使童装童装的廓形设计有特殊要求。

一、童装廓形设计的关键部位

服装造型变化是以人的基本形体为基准的，因此服装外形线的变化不是可以让设计师随心所欲地进行变化的，服装廓型的变化离不开支撑服装的几个关键部位。（图 3-1）

图 3-1　童装廓形肩、腰、臀、摆处的设计要符合儿童特殊的体型和活泼的天性

（一）肩

肩是服装造型设计中受限制较多的部位，肩部的变化幅度远不如腰和摆自如，童装的肩部设计很少使用较复杂的造型，通常肩部造型比较圆润，有足够的放松量便于儿童活动。童装的许多肩部处理，都是根据肩的形态略作变化而已，尤其婴幼儿装的肩部很少使用复杂的结构和装饰。

（二）腰

在童装设计中，腰部的变化也非常丰富。根据位置高低和围度宽窄可把腰部的形态变化大体分为两种：根据腰节线的高低可分为高腰设计、中腰设计和低腰设计，由于儿童的身材特点，高腰设计在童装设计尤其是在幼童装中使用非常广泛，比如很多女童裙装都是高腰线设计，而中腰和低腰设计多用在年龄较大的童装中。根据腰的围度可分为束腰设计和宽腰设计。宽腰形腰部松散，形态宽松自如，便于活动，多用于婴儿装和幼童装，束腰设计在腰部束紧，能使身材显得窈窕纤细、柔和优美，多用于年龄偏大的女童装。

（三）臀

臀围线的变化对于服装外形的变化影响很大，不同的臀围线让服装具有非常不同的外形。儿童体形大都滚圆，而且婴幼儿还要考虑到兜尿片或者便于活动等，所以臀围处的设计大都是比较宽松的，比如灯笼裤、背带裤等的臀围处都有足够的放松量，而对于较大的儿童来说，臀围处的放松量则比较正常。

（四）摆

底摆形态的变化也很丰富，直线形、曲线形、圆形、对称形或平行形等等，不同的底摆变化带给服装不同的风格变化。童装的底摆经常是强调装饰的重要部分。摆在上衣和裙装中通常叫下摆，在裤装中通常叫脚口。

二、常用童装廓型及其应用

童装廓型设计主要是指童装外形线的变化，外形线亦称轮廓线，主要是指童装的外边界线所表现出的剪影般的轮廓特征。童装廓型是一种非常直观的视觉形象，能给人深刻的印象，字母型廓型是服装廓型设计中经常使用的分类方法，由于儿童特殊的体型特点，童装中较多使用H型、A型、O型，有时也使用X型，T型则几乎不使用。中童期以前儿童的体型特点是挺胸凸腹、胸腰臀三围尺寸差距不大，所以这几个时期的童装外形主要使用H型、A型、O型；到了中童期及以后，女孩的发育超过了男孩，并逐渐出现胸围与腰围的差值，女童服装开始较多使用X型。

（一）H型

H形也称矩形、箱形、筒形或布袋形。1954年H形外形由法国设计大师迪奥正式推出，其造型特点是平肩、不收紧腰部、筒形下摆，形似大写英文字母H而得名。H形服装具有修长、简约、宽松、舒适的特点。童装的H型款式品类有直身外套、大衣、直筒裤、低腰连衣裙、直筒背心群等。H型线条给人一种有修养的成熟的印象。（图3-2）

图3-2　H形服装简约宽松，是童装的常见款式

图3-3　A形是女童裙装最常用的造型

（二）A型

A形外形是上小下大的造型，类似这种造型的有三角形、梯形、塔形等，这些造型都是从A型基础演变而来。童装中的斗篷形披风、小号型大衣、喇叭式长短裙和连衣波浪裙等都是上半身贴身而下摆外张的样式，A形线具有活泼、可爱、造型生动、流动感强、富于活力的性格特点，是童装中常用的造型样式。（图3-3）

（三）O型

O形也称气球形、圆筒形，外形线呈椭圆形，其造型特点是肩部、腰部以及下摆处没有明显

的棱角,特别是腰部线条松弛,不收腰,整个外形比较饱满、圆润。这种造型活泼可爱,体积感强,是一种非常有趣味的样式。O 型线条具有休闲、舒适、随意的性格特点,童装中的斗篷形外套、半截裙和连身裙等都是具有 O 型圆润感外观的样式。同时,这种造型还具有丰富多变的艺术效果。婴幼儿装和小童装多采用这种外形。(图 3-4)

图 3-4 休闲随意的 O 形是婴幼儿装和小童装经常使用的造形

图 3-5 凸现人体曲线的 X 形多用于少女装

(四) X 型

X 型线条是最具女性化的线条,其造型特点是根据人的体形塑造稍宽的肩部、收紧的腰部、自然的臀形。优美的女性人体三围外形用线条勾勒出即是近似 X 形。X 形线条的服装具有柔和、优美、女人味浓的性格特点。在童装中,X 型廓型多用在年龄较大的女童,比如少女装中使用最多,少女装的大衣、风衣、连衣裙、小外套大都使用 X 型廓型,具有一种优雅又青春的独特韵味。(图 3-5)

三、其他童装廓型及其应用

童装设计是一个千变万化的复杂过程,而且童装还要符合儿童天真活泼的特性,所以其外形也是变化万千。以字母型对童装进行分类,除了几种常用的字母型外形线以外,还有许多其他的字母型廓型,如 T 形、V 形、Y 形、S 形等等,每一种外形都有各自的造型特点和性格倾向。

除了最常见的字母型廓型以外,童装尤其是婴幼儿装的设计中,经常使用各种物象形的廓型,以充分显示儿童的稚趣可爱,如使用仿生法设计的可爱的小老虎、小白兔或者小熊等造型的童装外套或抱被、披肩等。(图 3-6)

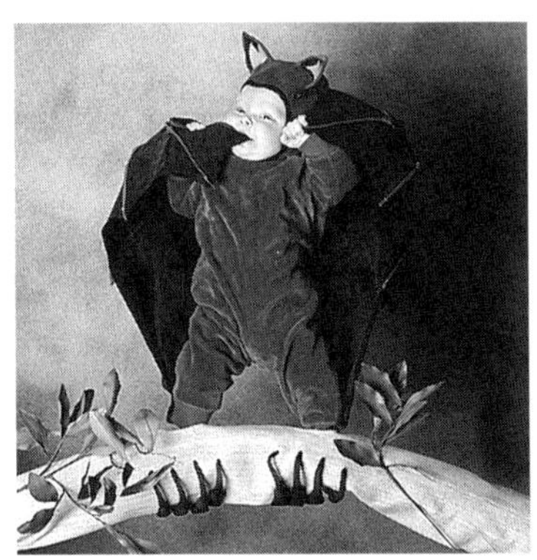

图3-6 童装可以使用任意廓型

第三节 童装部件设计

服装部件通常指与服装主体相配置、相关联的突出于服装主体之外的局部设计，是服装上兼具功能性与装饰性的主要组成部分，俗称“零部件”，如领子、袖子、口袋等。部件在童装造型设计中最具变化性且表现力很强，童装的许多部件设计尤其强调装饰性，是童装设计中设计性较强的部分。

一、设计方法

童装部件经常使用的设计方法大致包括以下几种。

（一）变形法

变形法是指对原有局部细节的形状进行变化，如进行扭转、拉伸、弯曲、切开、折叠等等处理，使原有造型发生改变。对原有造型进行处理，得到的结果也许是自己不曾想到过的新造型。

（二）移位法

移位法是指对设计原型的构成内容不做实质性改变，只是做移动位置的处理。如将相同的口袋转移到新的位置上，从这个方面来说，移位法又简单又有效。为了灵活使用移位法，在实际设计中，可结合其他的设计方法和造型方法。

（三）立裁法

为了看到真实的设计效果，零部件立裁不仅做成1∶1大小，而且制作非常精细，完成后放在相应的部位，有些局部结构的处理也是用绘画表现无法想到的，是在边设计边制作的过程中，随机应变形成的。有些空间转折关系复杂的局部结构则必须用此法来完成，经过实物法设计或检验的设计结果非常可靠，在空间状态和制作程序方面不会有太大的矛盾。

（四）变化材质法

变化材质法是指通过变换原有服装部件的材质而形成新的设计。材料是影响设计风格和效果的重要因素之一，有时我们会看到某些设计中值得借鉴的部件设计的形状或技法等，仅仅通过转换材料就可以形成许多富有新意的设计。

二、部件分类设计

最主要的童装部件设计包括衣领设计、衣袖设计、口袋设计，此外，连接设计、腰头设计、腰节设计、门襟设计也是体现童装设计内涵的重要内容，这些都是童装常见的部件设计。

（一）衣领设计

衣领是服装上至关重要的部分，因为接近人的头部，映衬着人的脸部，所以最容易成为视线集中的焦点。领子在童装的造型中起着重要的作用，童装的领形设计要考虑儿童的体型特征。儿童的头部较大，颈短而粗，肩窄，所以一般衣领以不宜过分脱离脖子为宜，领座也不能太高。幼儿期孩子的脖子较短，大多选用无领的款式，也可选用领座很低的领子。到了学龄期及以后的儿童要依其脸型和个性的不同选择各种合适的领型。如果款式需要抬高其领座，也要以不妨碍颈部的活动为准则。

衣领的设计是以人体颈部的结构为基准的，通常情况下衣领的设计要参照人体颈部的四个基准点，即：颈前中点、颈后中点、颈侧点、肩端点，颈前中点也叫颈窝点，是锁骨中心处凹陷的部位；颈后中点是后背脊椎在颈部凸起的部位；肩端点是前后颈宽中间稍偏后的部位；肩端点是肩臂转折处凸起的点。

衣领的设计主要分为以下几种类型。

1. 连身领设计

连身领顾名思义是指与衣身连在一起的领子。连身领相对比较简洁、含蓄，包括无领和连身出领两种类型。

（1）无领设计

无领也就是衣身上没有加装领的领子，其领口的线型就是领型。无领是领型中最简单、最基础的一种，以丰富的领围线造型作为领型，领型保持服装的原始形态或者进行装饰变化和不同的工艺处理，简洁自然，展露颈部优美的弧线。无领型设计一般用于儿童夏装、内衣、以及休闲T恤、毛衫等的领型设计上。最简单的东西往往最讲究其结构性，无领设计在服装领口与人体肩颈部的结合上要求很高，领线太低或太松则在低头弯腰时容易暴露前胸，领线太高或太紧又会让人感觉不舒服。因此无领设计一定要注意其高低松紧的尺寸问题。通常的无领主要有圆形领、方形领、V 形领、船形领、一字领等几种领型。(图 3-7)

图 3-7　无领设计常用于儿童夏装、内衣、T 恤、毛衫等,而且更多用于低龄童装

圆形领。圆形领又叫基本形领,造型特点是线形圆顺,是基本顺着服装原型领窝线作变动裁剪而成的与人体颈部自然吻合的一种领形。一般用于儿童背心、外套、罩衫、内衣的设计。圆形领对结构设计有较高的要求,若设计不当,就会出现余量、起吊、不伏贴等结构问题。

方形领。方形领也叫盆底领,直接在衣片原型的领窝上进行变化。其造型特点是领围线整体外观基本呈方形。这种领型可用于儿童背心、罩衫、衬衫等。领口的大小、长短可随意调节,若要降低前领口线,须按自然颈点下来的斜线的延长线变化,领口可按需要做深浅变化。注意横开领不宜过大,同时保证前后领口符合。

V 形领。顾名思义 V 形领的外观形状呈 V 字母形。V 形领分为开领式和封闭式两种,开领式在前门襟处开开,多用在儿童背心、外套、睡衣套服上;封闭式多用在儿童毛衫、内衣上。

船形领。船形领是近几年颇为流行的领形,因其形状像小船故而得名,由此我们便可以想

象船形领在肩颈点处高翘，前胸处较为平顺且中心点相对较高，所以船形领在视觉上感觉横向宽大，雅致洒脱，多用于儿童针织杉、连衣裙、小外套等。

一字领。“一”字领与船型领有点相似，如把船型领的前领线提高，横开领加大，就变成了“一”字领，其外形象中文的“一”字。这种领形给人以高雅含蓄之感，显得比较妩媚柔和。“一”字领适合于年龄较大的女童。

领子的形状千变万化，极其丰富，上面讲到的是在设计中出现频率最高、最基本的无领形领子，此外无领还有许多种形式，如U形、台形、心形、椭圆形、项链形等，在这儿我们就不再一一列举和详述。

（2）连身出领设计

连身出领是指从衣身上延伸出来的领子，从外表看像装领设计，但却没有装领设计中领子与衣身的连接线，它是把衣片加长至领部，然后通过收省、捏褶等工艺手法与领部结构相符合的领形。这种领形含蓄典雅，也是近几年较为流行时尚的一种领形。但是由于低龄儿童颈部较短，所以这种领型一般适合于青少年外套、夹克、派克服等。

连身出领的变化范围较小，因为其工艺结构有一定的局限性，造型时为了使之符合脖子结构，就需要加省或褶裥，而且还要考虑面料的造型性，太软的面料挺不起来所以就要运用工艺手段，但是考虑到与脖子接触面料也不宜太硬。（图3-8）

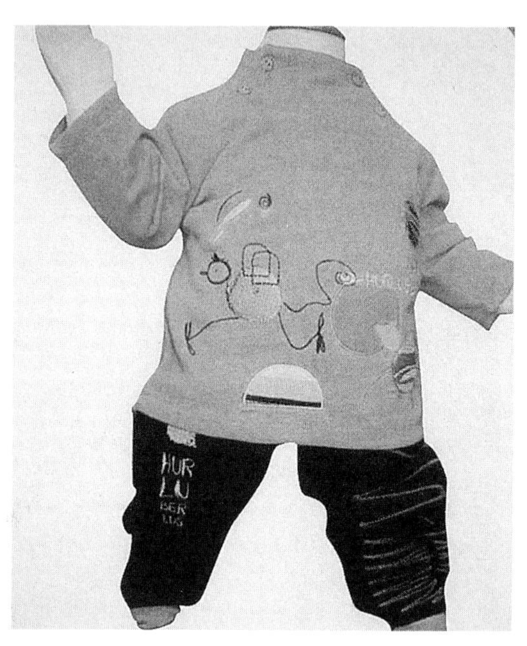

图3-8　连身出领设计显得高雅

2. 装领设计

装领是指领子与衣身分开单独装上去的衣领。装领一般采用与衣身相同的材料，有时为了设计要求也会换用别的面料或色彩，或者通过某种工艺手法的处理。装领一般是与衣身缝合在一起，但也有出于某种设计目的而通过按钮、纽扣等装上去的活领，如风衣或羽绒服上的连帽领，通常都是可以脱卸的。

装领的外观形式十分丰富，通常有几个决定因素：领座的高度、领子的高度、翻折线的特点以及领外边缘线的造型。前后横开领是领形结构设计的重要部分，决定着领子的合体性。在翻领设计中，翻折线直接决定着领子是否翻得过来以及决定着领子的外观形状。此外领尖、领面的装饰、领形的宽度等因素对领子也有一定的影响。

根据其结构特征，装领主要可分为立领形、翻领形、驳领形和平贴领形四种。

（1）立领设计

立领是树立在脖子周围的一种领形。为了便于穿脱，立领都要有开口，开口以中开居多，但也有侧开和后开，通常侧开和后开从正面看更优雅、整体感更强。立领的外边缘形状也很多样化，如圆形、直形、皱褶形、层叠形等，根据服装风格设计师可自行调节变化，还可与面料结合创新出一些新造型。这种领型与儿童的体型不太相适应，穿上后有束缚感，限制了儿童脖子的自由活动，气候闷热时不利于气流的流通，所以一般仅用于中式童装、儿童的棉袄或表演服装。（图3-9）

图3-9　童装夹克、外套经常使用立领形

（2）翻领设计

翻领是领面外翻的一种领形。翻领有加领台和不加领台两种形式，加不加领台根据个人喜好或服装风格而定。翻领的外形线变化范围非常广泛自由，领面的宽度、领的造型以及领角的大小等都可根据设计的要求酌量加减。翻领可以与帽子相连，形成连帽领，兼具两者之功能，还可以加花边、镂空、刺绣等。翻领设计中特别注意翻折线的形状，翻折线的位置找不准，翻过来的领子就会不平整。前衣身的领口要抬高一些，以避免领子会浮离脖子。这种领型男女儿童均适合，一般用在儿童的衬衫、连衣裙、风衣、外套上。（图3-10，图3-11）

（3）驳领设计

严格地讲，驳领形也是翻折领的一种，但是驳领多了一个与衣片连在一起的驳头，同通常意义上的翻领相比较又很不一样，所以在服装设计中经常把它单独列出作为一种领形。驳领的形状由领座、翻折线和驳头三部分决定。驳头是指衣片上向外翻折出的部分，

图3-10　连帽式翻领方便实用，常用在秋冬季童装外套中

驳头长短、宽窄、方向都可以变化,例如驳头向上为枪驳领,向下则是平驳领,变宽比较休闲,变窄则比较正式。此外,驳头与驳领接口的位置、驳领止口线的位置等对领形都会有很大的影响,小驳领比较优雅秀气,大驳领比较粗犷大气。驳领要求翻领在身体正面的部分与驳头要非常平整地相接,而且翻折线处还要平伏地贴于颈部,所以结构工艺比较复杂。驳领在童装中一般仅限于男童西装和演出服装,男女童的休闲小外套也会使用,但是较少。(图 3-12)

图 3-11　翻领是儿童衬衣、外套的常用领形

图 3-12　驳领一般用于儿童正式场合穿的西装和休闲外套中

（4）平贴领设计

平贴领是指一种仅有领面而没有领台的领形，整个领子平摊于肩背部或前胸，故又叫趴领或摊领。平贴领比较注重领面的大小宽窄及领口线的形状，为了在装领时使领子平伏以顺应与衣身的拼合线，平贴领一般要从后中线处裁成两片。装领时两片领片从后中连接叫单片平贴领，在后中处断开叫双片平贴领，当然也有不裁成两片的，但是要在领圈处收省或抽褶才可以平伏。平贴领的变化空间也很大，设计师完全可根据款式需要而定，可拉长或拉宽领形，可加边饰或蝴蝶结、丝带，还可处理成双层或多层效果等等。平贴领还被称为“娃娃领”，是童装中广泛使用的领形，从外形上看有前开和后开两种，广泛用于儿童的连衣裙、衬衫、上衣、学童的制服等。（图3-13）

图3-13　平贴领是童装中广泛使用的领形

（二）衣袖设计

衣袖设计也是服装设计中非常重要的部件。人的上肢是人体上活动最频繁、活动幅度最大的部分，它通过肩、肘、腕等部位进行活动，从而带动上身各部位的动作发生改变，同时袖窿处特别是肩部和腋下是连接袖子和衣身的最重要部分，设计不合理，就会妨碍人体运动。如袖山高不够，将胳膊垂下时就会在上臂处出现太多皱褶或在肩头拉紧；袖山太高，胳膊就难以抬起或者抬起时肩部余量太大，所以要求肩袖设计的适体性要好，同时，衣袖是服装上较大的部件，其形状一定要与服装整体相协调，如非常蓬松的外形加上紧身袖或筒形袖，可能其审美效果就不好。所以衣袖设计更要讲究装饰性和功能性的统一。

衣袖设计主要可分为袖山设计、袖身设计、袖口设计三部分。

1. 袖山设计

袖山设计是从衣身与袖子的结构关系上进行的设计，据此可将袖子分为装袖、连身袖和插肩袖。

（1）装袖设计

装袖是袖子设计中应用最广泛的袖型，是服装中最为规范化的袖子。装袖是衣身与袖片分别裁剪，然后按照袖窿与袖山的对应点在臂根处缝合，袖山位置在肩端点附近上下移动。装袖的工艺要求很高，缝合时接缝一定要平顺，尤其在肩端点处，要成一条直线，而不能有角度出现。装袖的袖窿弧线与衣身的袖窿弧线要有一定的装接参数。装袖可以根据具体情况进行适当的变化。

装袖分为圆装袖和平装袖，还可以变化出泡泡袖、灯笼袖等。圆装袖一般为两片袖设计，多用于儿童西装和合体的儿童外套。平装袖与圆装袖结构原理一样，但不同的是袖山高度不高，袖窿较深且平直。平装袖多采用一片袖的裁剪方式，穿着宽松舒适，简洁大方，多用于儿

童外套、风衣、茄克、大衣、连衣裙之类的设计。泡泡袖、灯笼袖等一般用于女童连衣裙、上衣等。(图3-14)

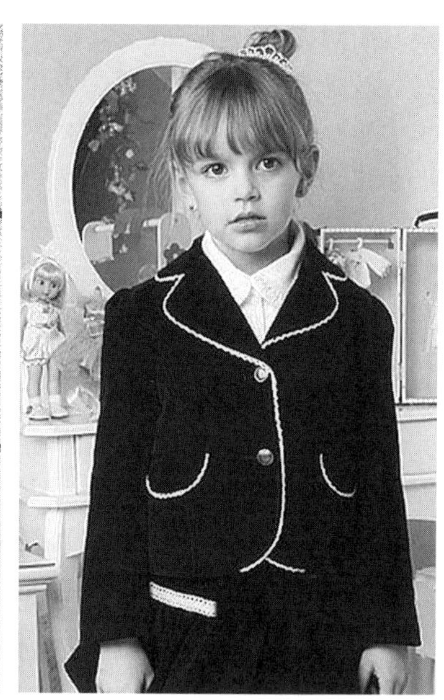

图3-14 装袖也是童装中应用最广泛的袖形

(2) 连身袖设计

连身袖是起源最早的袖形,是从衣身上直接延伸下来的没有经过单独裁剪的袖形。连身袖的特点是宽松舒适、随意洒脱、易于活动,而且工艺简单,多用于儿童练功服、起居服、睡衣等,特别适合婴儿的服装。由于在肩部没有生硬的拼接缝,所以肩部平整圆顺,与衣身浑然一体、天衣无缝,但由于结构的原因,不可能像装袖那样结构合体,腋下往往有太多的余量、衣褶堆砌。

随着服装流行的发展和工艺水平的提高,连身袖出现了很多变化形式,在结构上越来越与人体相结合,通过省道、褶裥、袖衩等辅助设计塑造出较接近人体的立体形态。(图3-15)

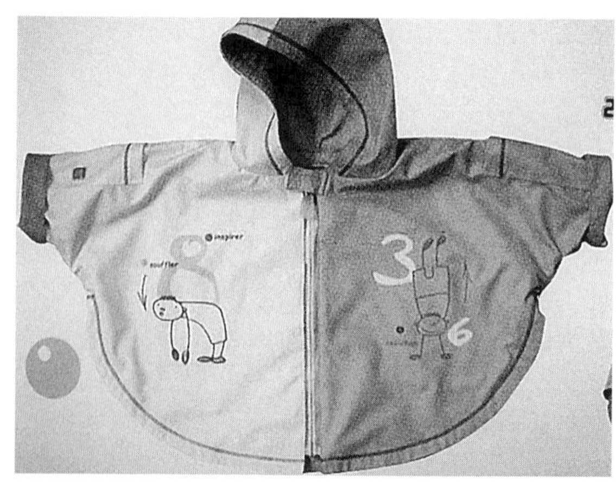

图3-15 连身袖

(3) 插肩袖设计

插肩袖是指袖子的袖山延伸到领围线或肩线的袖形。一般把延长至领围线的叫作全插肩袖,把延长至肩线的叫作半插肩袖。此外,根据服装的风格特点和设计目的不同,还可将插肩袖分为一片袖和两片袖,插肩袖的造型特点是袖形流畅修长、宽松舒展。插肩袖与衣身的拼接线可根据造型需要自由变化，如直线形、S线形、折线形以及波浪线形等，而且可以运用抽褶、包边、褶裥、省道等多种工艺手法。不同的插肩线和不同的工艺有着不同的性格倾向，如抽褶、曲线、全插肩的设计，显得柔和优美，多用在女童的外套、大衣、风衣、毛衫等服装中；而直线、明缉线、半插肩设计，却会显得刚强有立，多用在男童的运动服、茄克、风衣、外套、牛仔装的设计中。插肩袖设计中所有的变化一定要考虑活动的需要，肩臂活动范围较大的服装，经常在袖下加袖衩。因为袖子缝合线无明确的规定，所以插肩袖对正在成长的儿童尤其适合。（图3-16）

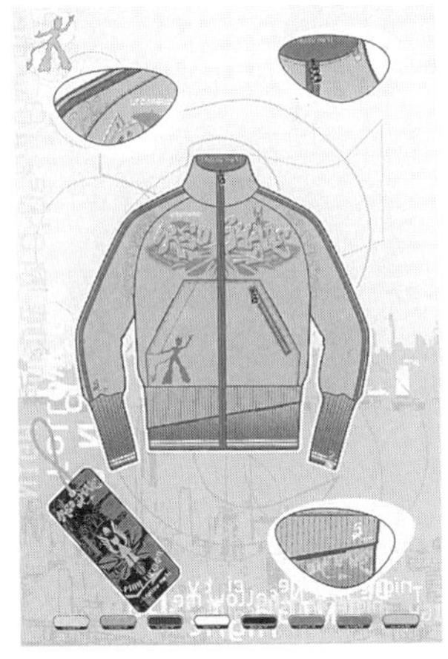

图3-16 插肩袖也是童装的常用袖型

2. 袖身设计

袖身根据肥瘦可分为紧身袖、直筒袖和膨体袖。

（1）紧身袖设计

紧身袖是指袖身形状紧贴手臂的袖子。紧身袖的特点是衬托手臂的形状，随手臂的运动柔和优美，多用于女童的健美服、练功服、舞蹈服等的设计中，或用于童装中内衣、毛衫、针织衫的设计。紧身袖通常使用弹性面料如针织面料、尼龙或加莱卡的面料中。紧身袖一般是一片袖设计，造型简洁，工艺简单。（图3-17）

（2）直筒袖设计

直筒袖是指袖身形状与人的手臂形状自然贴合、比较圆润的袖形。直筒袖的袖身肥瘦适中，迎合手臂自然前倾的状态，既要便于手臂的活动，又不显得繁琐拖沓。直筒袖往往都是两片袖，由大小袖片缝合而成，有的还在袖肘处收褶或进行其他工艺处理以塑造理想的立体效果。儿童的外套、大衣、风衣、学童的学校制服等大多使用直筒袖。（图3-18）

图3-17 紧身袖常用于儿童贴身服装

图3-18 直筒袖常用于儿童外套、大衣等

图3-19 服装袖型为膨体袖

(3) 膨体袖设计

膨体袖是指袖身膨大宽松、比较夸张的袖子。彭体袖的袖身脱离手臂，与人体之间的空间较大，其特点是舒适自然、便于活动。膨体袖可分别在袖山、袖中及袖口等不同部位膨起，如灯笼袖、泡泡袖、羊腿袖等。多采用柔软、悬垂性好、易于塑形的的面料。膨体袖在童装中使用的也比较多，广泛用于女童的长短袖衬衫、连衣裙、睡裙、睡衣套服的上装，儿童舞台表演装也常使用。(图3-19)

3. 袖口设计

袖口设计是袖子设计中一个不容忽视的部分，袖口虽小，但是手的活动最为频繁，所以举手之间，袖子都会牵动人的视线，引人注意，袖口的大小形状等对袖子甚至服装整体造型有着至关重要的影响。同时袖口是一个功能性很强的设计，如袖口还有调节体温的功能，冬装中使用收紧式袖口可以保暖，夏装使用开放式袖口则可以凉爽一些。

袖口的分类方法也很多，一般按其宽度分为收紧式袖口和开放式袖口两大类。

(1) 收紧式袖口设计

顾名思义，收紧式袖口是在袖口处收紧的袖子，这类袖口一般使用纽结、袢带、袖开叉或松紧带等将袖口收起，具有比较利落、保暖的特点。在儿童衬衫、T恤衫、夹克、羽绒服以及其他冬装中使用的比较多。(图3-20)

图3-20 收紧式袖口

(2) 开放式袖口设计

开放式袖口就是将袖口呈松散状态自然散开。这类袖口可使手臂自由出入,具有洒脱灵活的特点。儿童外套、风衣、西装多采用这种袖口。而且很多袖口还敞开呈喇叭状。(图3-21)

图3-21 开放式袖口

无论是收紧式袖口还是开放式袖口,都可以根据位置、形态变化分为外翻式袖口、克夫袖口和装饰袖口等。

以上为通常见到的袖子的分类形式。此外,袖子还可根据长短分为长袖、七分袖、中袖、短袖以及无袖;或者从裁剪方式上分为一片袖和两片袖、三片袖等。童装的种类很多,花样多变,不同的童装对袖子会有不同的要求,所以在具体设计时设计者要根据情况灵活设计,不同的袖山与袖身、袖口或者不同长短的袖子与不同肥瘦的袖子交叉搭配,就会变化出无以计数的袖子。同时,不同服装的风格、不同的流行趋势对肩袖也有不同的要求,一般来说,衣身合体的服装,使用装袖较多,衣身宽大松散,使用插肩袖和连身袖较多。袖子的组合形状也很多,如郁金香袖、马蹄袖等,类似插肩的包肩袖、连领袖、介于插肩和装袖之间的露肩袖等等。

(三)口袋设计

在成人服装的部件设计中,与领子、袖子设计相比,口袋可以算是比较小的零部件。但在童装设计中,口袋设计却是一个非常重要的部件,而且童装中的口袋经常会成为一件童装的视觉中心。对于童装而言,大多数时候口袋的装饰性比其功能性更突出,所以设计较为随意,口袋的变化就更为丰富,位置、形状、大小、材质、色彩等可以自由交叉搭配。但是口袋的性格特点也很明显,不同或相同的口袋经过不同搭配,可以改变服装的风格,所以在设计时一定要注意与服装的整体风格相统一。童装中经常使用各种仿生形状的口袋,看上去活泼可爱,富有情趣。

根据口袋的结构特点分类,口袋主要可分为贴袋、暗袋、插袋三种。设计时要注意袋口、袋身和袋底的细节处理。

1. 贴袋

贴袋是贴附于服装主体之上、袋形完全外露的口袋,又叫"明袋"。根据空间存在方式,贴袋又分为平面贴袋和立体贴袋;根据开启方式,分为有盖贴袋和无盖贴袋。因为受工艺的限制性较小,贴袋的位置、大小、外形变化最自由,但同时由于其外露的特点也就最容易吸引人的视线,贴袋的设计更要注重与服装风格的统一性。贴袋的性格特点一般倾向于休闲随意、自然有趣。

贴袋是童装上用得最多的口袋,而且经常是童装上最吸引人的地方,形状可自由变化,动物、花草、卡通、工业产品的造型等都可以被借鉴,工艺手法可以用拼接、刺绣、镶边、褶裥等,而且其边缘线也可以经过不同的工艺处理,童装上贴袋的妙用可使得整件服装韵味陡生,意趣盎然。(图3-22)

图 3-22　贴袋是童装中使用最多的口袋

2. 暗袋

暗袋是在服装上根据设计要求将面料挖开一定宽度的开口，再从里面衬以袋布、然后在开口处缝接固定的口袋，暗袋又叫挖袋或嵌线袋。暗袋的特点是简洁明快，从外观来看只在衣片上留有袋口线，袋口一般都有嵌条，根据嵌条的条数可把暗袋分为单开线暗袋和双开线暗袋两种。

儿童日常生活装中也有很多服装使用暗袋，如牛仔套装、外套、羽绒服、马甲、运动装的口袋，感觉比较规整含蓄。暗袋也可分为有盖暗袋和无盖暗袋，而且还可以根据设计需要在开口处加其他装饰设计。(图 3-23)

图 3-23　暗袋

3. 插袋

从原理上讲，插袋也是暗袋，因为插袋的袋形也是隐藏在里边，在工艺上与暗袋相似，不同的是插袋口在服装的接缝处直接留出而不是在衣片上挖出。插袋隐蔽性好，与接缝浑然一体，更为含蓄高雅。在童装设计中，夹克、裤套装、裙套装、牛仔装、外套、风衣、大衣等都可经常使用插袋。有时出于设计需要，故意在袋口处作一些装饰，如线形刺绣、条形包边等，以此丰富设计，增加美感。由于插袋在接缝处，所以制作时要求直顺、平伏，与接缝线成一直线。（图3-24）

图3-24　插袋

以上讲到的仅是口袋的几种基本类型，其实在生活中口袋的种类非常繁多，实际设计时要多种类综合搭配，就会创造出许许多多款式别致、富有新意的口袋设计。如将大贴袋中加入暗袋设计，将插袋上加上贴袋设计等，兼具几种口袋的特点，其功能性和审美性更好。（图3-25）

（四）其他部件设计

除上述主要部件外，童装也有许多其他的部件设计，比如纽扣设计、拉链设计、腰节设计、领结设计、腰带设计等，我们在此教材中主要讲解其他部件比较最常见的连接设计、腰头设计、腰节设计和门襟设计。

1. 连接设计

连接设计是指在服装上起连接作用的部件的设计。童装连接设计也有其实用功能和审美功能，而且经常会强调其装饰性设计。最常用的连接设计主要包括纽结设计、拉链设计、粘扣设计以及绳带设计。

（1）纽结设计

钮结在服装设计中也有较为重要的作用，钮结在服装中起连接、固定作用，功能性较强。此外，钮结在服装上常处于显眼的位置，还有装饰作用。纽结包括纽扣、袢带等。

图3-25 复合袋

钮结是重要的配件，还可以装饰和弥补体形的缺陷。如在腰部加个纽结，可调节衣身的宽松度，如果将其扣上就有收腰作用，女童的外套、连衣裙经常在腰部加纽结设计；下摆运用袢带，可以调节下摆松紧，这在童装的裤脚口、上装底摆经常使用；袢带缝在前中线，则起纽扣的紧固作用，袖口使用袢带可代替袖克夫或起装饰作用，儿童的大衣、休闲外套、棉袄、羽绒服的设计中经常使用。此外，袋边等部位都可以使用袢带，袢带可设计成各种几何形状，可根据不同的面料、色彩和不同季节的服装进行合理搭配。（图3-26）

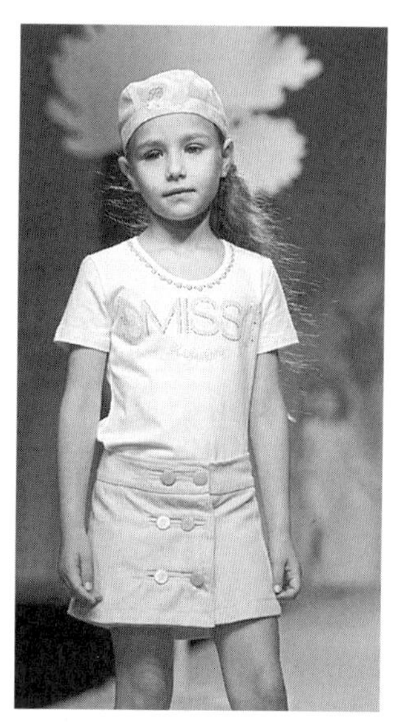

图3-26 纽结具有装饰作用

(2) 粘扣设计

粘扣通常又叫子母扣或搭扣,是在需要连接的服装部位两边配对使用的带状连接设计。由钩面带与圈面带组成。其中一根带子的表面布满密集的小毛圈,另一根带子表面则是密集的小钩,使用时,将两面轻轻对合按压即可粘和在一起,且结合较为紧密。粘扣的闭合与拉开比较方便,便于儿童自己穿脱服装,所以在童装中使用也很频繁,如休闲外套、大衣、羽绒服、滑雪衫、棉袄中经常出现,常代替拉链和纽扣用于服装的门襟、袋口及手套、包袋等的连接处,而且从表面看不到任何连接的痕迹,表面整洁平实。粘口的宽度、规格、色彩都较多,设计师可根据设计自由选用。(图3-27)

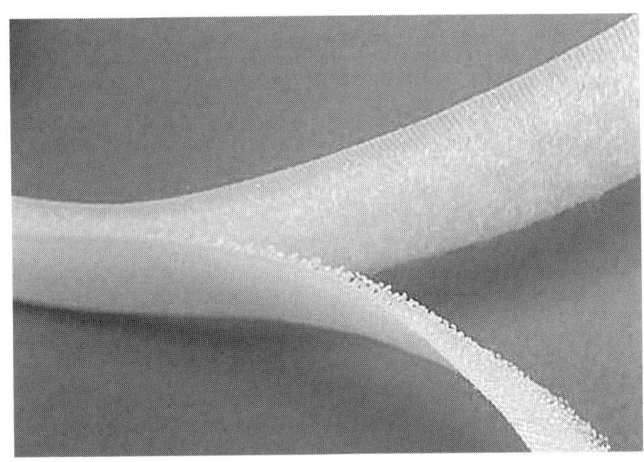

图3-27 粘扣设计

(3) 拉链设计

拉链设计是现代服装细节设计中的重要组成内容,也是童装中广泛使用的连接设计。主要用于童装门襟、领口、裤门襟、裤脚等处,也用于鞋子、包袋等的设计中,用以代替纽扣。如儿童牛仔套装、运动装、羽绒服、夹克、皮靴等的设计中几乎离不开拉链的使用,否则将会影响服装的机能和品质。服装上使用拉链可以省去挂面和叠门,也可免去开扣眼,可简化服装制作工艺,还可以使服装外观平整。拉链有金属拉链、塑料拉链、尼龙拉链之分。金属拉链经常用于儿童夹克、牛仔装等;塑料拉链多用于儿童羽绒服、运动服、针织衫等;尼龙拉链则较多用于儿童夏季服装。根据在服装上是否暴露,拉链还可以分为明拉链和隐形拉链,明拉链多用于厚重结实、风格粗犷的服装如羽绒服、夹棉袄中;隐形拉链多用于单薄柔软、风格细腻的服装如薄针织衫、T恤衫中。从式样上看,拉链可以一端开口,也可以两端开口,还可以将拉链头正反两面使用,而且还可以有粗细、形状的不同变化。(图3-28)

图3-28 拉链可以成为童装中很好的装饰设计

(4) 绳带设计

绳带是童装上经常使用的扁平带状连接设计,常用于腰头、裤脚口、袖口、下摆、领围以及帽围等处。常用的绳带有带有弹性的松紧带、罗纹带以及各种没有弹性的尼龙带、布带等。带有弹性的松紧带、罗纹带伸缩性大,经常用在儿童运动服、毛衫、夹克、牛仔装的领口、裤脚口、袖口、底摆处起收紧作用,还可变换颜色、花纹等起装饰作用,既美观又舒适。没有弹性的尼龙带、布带等,在童装设计中经常用于棉袄、外套、羽绒服等的下摆、领围及帽围,通过系扎将需要部位收紧,这种绳带经常在绳带头处系结或钉珠子及其他小物品,既可防止绳带从服装上抽掉,又具有一定的装饰作用。绳带的材料、宽度、长度以及具体形状种类繁多,可由设计师根据服装自由选用或制作。(图 3-29)

图 3-29 绳带是童装中常用的连接设计

2. 腰头设计

腰头是与下装直接相连的下装部件,是下装设计的重要部位之一。腰头的宽窄以及形状直接影响下装的外观效果。在童装设计中,腰头的变化设计主要用于女童装。

腰头按高低可分为高腰设计、中腰设计和低腰设计;高腰设计是指腰头在腰节线或以上部位,高腰设计让人感觉活泼,同时还有将腿部拉长、掩盖腹部的作用,在女幼童连衣裙、睡裙、少女装中用的比较多;中腰设计让人感觉稳重大方,童装中普通的裤装、半身裙等都用此设计,男童多使用中腰设计;低腰设计则显得现代而性感,一般仅限于表演装,在儿童生活装中很少使用。

腰头按是否与衣片连接可分为无腰设计和上腰设计。无腰设计是由裤片或裙身直接连裁,在腰节处通过收省或收褶将腰部收紧合体,无腰设计外观感觉规整自然,线条流畅;上腰设计是指在裤片或裙身上单独装接腰头,腰头的形状可根据设计要求或个人爱好自由变化形状,如宽、窄、曲、直,双菱形或单菱形,对称或不对称等,还可以使用纽扣、拉链、抽带等。腰头的具体种类也很多,在设计时可根据需要自由选则。腰头变化设计在少女装中使用较多,在幼童装中变化较少。(图 3-30)

3. 腰节设计

腰节设计指的是上装或上下相连服装腰部细节的设计,在女童上衣或连衣裙中经常见到变化的腰节设计。童装腰节设计除了省道设计以外,还有许多种设计手法,如进行收腰设计时,可以使用褶裥设计、抽褶设计或使用松紧带、罗纹带设计,还可以使用纽结和袢带设计,或通过绳带设计在腰部系成蝴蝶结或其他花结。使用腰带也是腰节设计的重要方法,腰带的色彩、长短、宽窄的不同变化会使腰节变化丰富。在腰节设计中,使用各种分割线或装饰线也是经常使用的设计手法,分割线可以与省道联合使用,也可以单独使用,还可以与服装上其他部位的设计互相联系。儿童牛仔套装、夹克、派克服中经常使用分割线变化腰节部分的设计。腰节还可以运用

图 3-30 腰头设计

没有任何装饰设计和收腰设计的松散式设计，风格自然洒脱，宽松舒适，这在幼童装中使用最多。（图 3-31）

图 3-31 腰节设计

4. 门襟设计

门襟根据服装前片的左右两边是否对称可分为对称式门襟和偏襟。对称式门襟也叫中开式门襟，门襟开口在服装的前中线处，由于人体的左右对称性，大多数童装都使用对称式门襟；偏襟也叫侧开式门襟，偏襟的设计相对比较灵活，多运用民族风格服装设计中。门襟根据是否闭合还可分为闭合式门襟和敞开式门襟，闭合式门襟是通过拉链、纽扣、粘扣绳带等不同的连接设计将左右衣片闭合，这类门襟比较规整实用，从服装的功能性角度讲，童装中的闭合式门襟使用的较多；顾名思义，敞开式门襟就是不用任何方式闭合的门襟，如儿童小毛衣开衫、小披肩、小外套等多使用这类门襟。此外，门襟从制作工艺角度还可以分为普通门襟和工艺门襟。普通门襟就是用最基本的制作工艺将门襟缝合或熨平；工艺门襟则是通过镶边、嵌条、刺绣等方式使门襟具有非常漂亮的外观，为了显示女童的美丽活泼，女童装经常使用很多装饰手法，工艺门襟在女童装中也频繁使用。门襟还可以根据厚度和体积分为平面式门襟和立体式门襟，一般的门襟都是平面式门襟，这种门襟规范严谨，使用范围广泛；将面料层叠、抽褶、系扎或者经过其他工艺手段处理形成一定体积感的门襟则属于立体式门襟，立体式

门襟具有较强的艺术效果,表演性服装中变化更多。(图 3-32)

图 3-32 门襟设计

本章小结

本章讲述了童装的廓形设计、部件设计和结构线设计。三者协调结合,一件童装形的设计就初步完成了,这是童装设计过程的基础工作,就像盖房子一样,毛坯房建好了,房子就基本建好了,这决定了房子的主要品质,剩下的就是内装修,决定房子的精细品质。与其同理,童装的廓形设计、部件设计和结构线设计的完成决定了服装基本的框架,同时从大的方面决定了服装设计的好坏及服装品质,其他元素如图案、工艺、装饰手法、配饰等是在这个基础之上添加的,共同配合反映一件童装的整体设计。而且廓形、部件、结构线的设计也决定了童装的结构设计。本章知识是进行童装设计时从大的角度入手需要掌握的内容。

思考与练习

1. 影响童装廓形设计的因素有哪些?对服装廓形有何影响?
2. 在童装设计中如何协调童装廓形、部件以及结构线的设计?
3. 童装设计中如何协调结构线与装饰线的关系和排列形式?
4. 设计 3 款童装,分别强调廓形设计、部件设计或者结构线设计,要求强调内容突出,有足够设计感和表现力,以黑白着装效果图或平面款式图的形式表现。

童装色彩设计 | 第四章

色彩是视觉设计三要素中视觉反应最快的一种要素，当我们带孩子到服装店选购衣服时，映入眼帘的第一感觉是服装的色彩、花型和服装的配色，其次才是款式。所以童装的色彩设计是整个童装设计中不可缺少的重要一环。了解不同年龄、不同性格的儿童对色彩的喜好和适宜性以及影响童装色彩选择的因素和组合方式是童装设计师的重要专业素质。色彩的表达关键在于色彩的搭配与组合后产生的意境。

第一节 童装色彩与儿童心理和生理

服装色彩潜移默化地影响着儿童身心,童装色彩学除了研究流行时尚,指导消费市场外,更要重视关系到儿童身心的基础研究,探索不同年龄段的儿童对色彩的心理承受和适应。

一、童装色彩与儿童心理

色彩和人有着微妙复杂的关系,不同的色彩会给与我们不同的心理感受,当儿童穿着各种色彩不同的服装时,可能会联想到许多不同的事物和现象。每个人对色彩都有各自的喜好,儿童一般都偏爱鲜艳秀丽的色彩,根据孩子天真活泼的特征,鲜艳的色彩激发孩子丰富的想象力,让他们体会到快乐、兴奋,所以童装的色彩大都比较明快醒目,而且童装上经常点缀些有趣的小动物图案或色彩鲜艳的其他装饰图案,会引起孩子的穿着兴趣,给儿童带来无限的快乐。对儿童来说,色彩各有其固定的意义,例如两种具有不同色彩的图案出现在同一个画面上,可能就代表孩子内心两种不同的愿望和感情。喜欢橙色的孩子,多半较为活泼外向,人缘很好,但有点自我中心;酷爱黄色的孩子,一般依赖心较强;爱好蓝色的孩子则一般比较沉静、理智;喜欢红色意味性格较为刚烈且感情丰富;而粉红色则常常象征着充满爱心、幽雅、柔顺及体贴。孩子对于色彩的偏好与执着并不是与生俱来的,有时可能是被父母塑形的结果,有的则是因父母的教育方式直接影响孩子的心理所致。专家通过观察试验发现,从小穿鲜亮色彩服装的儿童容易具有比较开朗的性格,从小穿灰暗色调服装的儿童,容易产生懦弱、不合群的心态。

童装的色彩,要符号儿童的心理特征。儿童往往对某些色彩有特殊的爱好,如大红、橙、草绿、天蓝色等。红色、橙色易引起儿童的注意力,产生兴奋、欢乐、温暖的感觉。经常用于服装中儿童喜欢的图案形象。而嫩绿、草绿象征着春天、生命、幼稚、活泼,是产生活力和希望的色彩,天蓝有沉静、开阔的感觉,这两种色彩可作为童装的基本色彩而大面积采用。

二、童装色彩与儿童生理

婴幼儿的颜色知觉也是随着年龄增长而不断发展的。出生后不久,大约 3 ~ 4 个月的婴儿便可辨别彩色和非彩色。儿童颜色视觉有个别差异,也有性别差异,但一般来说,2 ~ 3 岁的幼儿已能初步辨认红、橙、黄、绿、天蓝、蓝、紫 7 种颜色。但对各种颜色的色度难以辨别,所以婴幼儿装色彩设计中避免用色度对比来区分不同物体形象和部位。婴幼儿对色彩的分辨和认知能力的具备会令他们对有颜色的东西格外敏感和注意,因此色彩鲜艳的服装更讨他们喜欢,不同设计形象之间色彩对比要鲜明,但是不可用等大红大绿等刺激性强的色彩,儿童专家研究指出0 ~ 2 岁前的婴幼儿的视觉神经尚未发育完全,在此阶段用刺激性强的色彩容易伤害视觉神经,浅淡色调不仅能避免染料对皮肤的毒害,还可衬托出婴幼儿清澈的双眸和粉嫩的皮肤。由于婴幼儿只能初步辨认红、黄等 7 种色彩,所以设计婴幼儿装时最好多使用这 7 种他们认识的颜色,色彩要明亮、柔和,饱和度高,以突出主体形象并吸引儿童注意力。儿童发育至 4 ~ 6 岁,智力增长较快,也可以认识四种以上的颜色,能从浑浊暗色中判别明度较大的色彩。6 ~ 12 岁是培养儿童德、智、体全面发展的关键时期,童装色彩的应用会直接影响到儿童的心理素质。

此外,在特定环境中的童装色彩还起到呵护儿童的作用,比如孩子的雨衣要使用色彩艳亮的醒目色彩,以便灰蒙蒙的雨天里,避免交通事故。经常在夜间外出行走活动的儿童其着装色彩应加进反光材料和荧光物质,易被行人和车辆重视与警觉。

我国童装业与国外相比,一直处在落后状态,其中一个重要原因,就是童装设计师缺乏对儿童心理和生理特征的基础了解。在我国民间,家长为了迎合大人的祈盼,经常给婴儿穿大红大绿等避邪趋福意念的裤袄,而从不考虑这种强烈的刺激性强的色彩对儿童心理和生理的伤害,虽然今天童装的色彩大都由大红大绿发展到以红黄兰为主的三原色温和色调,但对中国儿童的色彩心理的基础研究仍旧非常贫乏。童装设计师们应该努力为我国3亿多的儿童创造一个绚丽多彩,有利心理、生理健康的时尚童装产业。

第二节　童装色彩的组合方式

从具体的配色方面讲,童装色彩的组合方式有许多种,但是从色彩的基本组合方式看,童装色彩组合方式主要有以下几方面。

一、单种色彩的应用

单种色彩应用是色彩设计中最为简单的配色设计。如白色系、蓝色系、红色系等。使用同一种色彩可以突出色彩的一致性,其特点是色彩单一、简洁,使服装比较容易协调,但容易感觉单调,所以通常可以变化色彩的明度或变化面料的材质以取得比较丰富的视觉效果。比如一套蓝色的童装,可以选择浅蓝色针织毛线上衣与深蓝色梭织毛呢裙搭配,再配上深蓝和浅蓝色间隔的毛线围巾和帽子、蓝色半高筒皮靴等,就会搭配出一套色调统一而又变化生动的时尚童装。

童装单种色彩应用常用配色方式如下:

单种色彩搭配时相同明度相同纯度的搭配统一协调;(彩图4-1)

单种色彩搭配通过明度和纯度变化形成色彩反差,同样会有丰富视觉的效果;(彩图4-2)

单种色彩搭配,通过使用不同面料或通过面料的肌理效果变化使得色调不再单一,这也是童装常用的设计手法;(彩图4-3)

单种色彩搭配可搭配较少其他色彩作为点缀,这种配色比较生动活泼;(彩图4-4)

二、无彩色系的组合

无彩色系组合指的是黑、白、灰色系的组合搭配,无彩色系是永远时尚的色彩,是永远的流行色,童装中使用无彩色系组合显得比较干净、利落,同时又比较前卫、时髦。

童装无彩色系组合应用常用配色方式如下:

单纯的白色系、黑色系或灰色系搭配最为纯净利落、休闲时尚;(彩图4-5)

黑白色大块面组合搭配明朗时尚;(彩图4-6)

黑白色通过分割、交叉或者互为搭配色可以丰富视觉;(彩图4-7)

黑白色互为图底对比柔和;(彩图4-8)

欧普艺术图案在童装上运用增加童装的艺术性和设计感。(彩图4-9)

三、多种色彩的组合

童装色彩设计多种色彩组合主要包括类似色组合、中差色组合、对比色组合、无彩色与有彩色组合以及色调变化设计。

(一) 类似色组合

在色相环上,以一种色彩作为参考色,将与其左右相邻60度以内的色彩称为类似色,根据相邻远近又可分为远邻类似色和邻近类似色,邻近类似色在参考色左右大概30度以内,类似色有多种,如红色与紫红色、黄红色,黄与黄绿色、绿色,蓝色与蓝绿色、蓝紫色,橙色与橙黄色、橙红色等。还可按照色相环上色彩的位置间隔混合三种颜色的复色,表现类似色彩组合中纯度的变化。任意两种或三种类似色彩组合搭配都是没有强烈反差的色彩组合,容易取得统一协调的效果,系列童装套装组合中常用这种配色方法。

童装类似色组合应用通常有以下几种方式:

类似色组合中确定一个主色,将其他次色打散点缀主色,色彩跳跃灵动;(彩图4-10)

调整类似色的面积大小、形状以及排列形式可以取得丰富的视觉效果;(彩图4-11)

在类似色中加入其他色彩可减弱色彩对比;(彩图4-12)

类似色搭配时在纯度或明度上对比较强,同样会有色彩明快跳跃的感觉;(彩图4-13)

在类似色组合中,某一色或多色以图案的形式出现,色彩明显,设计感较强;(彩图4-14)

类似色相互穿插是最容易取得协调的配色方式。(彩图4-15)

(二) 中差色组合

中差色指色相环上色彩反差在90度左右的色彩,中差色对比既不强烈又不太弱,是对比适中的色彩搭配。如蓝绿色与黄色、蓝紫色,红色与蓝紫色、黄绿色。(彩图4-16)

(三) 对比色组合

对比色是指色相环上色彩间隔角度在120~180度的色彩,如红色与绿色、蓝色,黄色与紫色、蓝色。其中色彩间隔180度的色彩又叫互补色,是比较特殊的对比色,如蓝色和橙色,红色和蓝绿色,补色对比是最强的对比,当强调对比效果时,利用互补色是最理想的,这类配色能产生较强的视觉刺激和浓厚的色彩气氛。除了色相对比外,采用对比色组合的童装还可以从明度对比和纯度对比要素考虑。

童装对比色组合应用通常有以下几种方式:

大块面对比色用于童装,色彩跳跃,活泼可爱;(彩图4-17)

对比强的色彩组合中插入黑白色,色彩既鲜明响亮又不冲突;(彩图4-18)

采用补色双方面积大小不同的处理方法,在面积上形成主次关系;(彩图4-19)

变化补色中其中一色的纯度或明度,注意明暗比例,在明度与纯度之间相互调节,减弱对比强度,有柔和感;(彩图4-20)

一种色彩作为点缀色出现在其对比色为主的服装中,或者对比色互相穿插使用,使服装很有设计层次感,颇具特色。掌握主色调,采用调整花样配色中的面积,使大面积占统治地位,求大处统一,小处对比,在对比中求统一,使主色调明确;(彩图4-21)

采用色相过渡,在对比色中加入相同的其他色彩会减弱对比。如红、绿色对比,可加上色轮

中的间色，如橙色或黄绿过渡，能取得色彩既华丽又调和的效果。（彩图 4-22）

（四）无彩色与有彩色组合

黑白灰无彩色是非常容易与其他色彩搭配协调的色彩，因此，在童装设计中黑白灰无彩色经常会与有彩色组合，童装设计中无彩色与有彩色组合应用通常有以下几种方式：

任何色彩与黑白色搭配都非常协调；（彩图 4-23）

有彩色图案出现在黑色或白色底色上活泼醒目；（彩图 4-24）

单调的同种色组合加入黑白色使得色彩层次丰富；（彩图 4-25）

黑色和白色可调和任何对比色。以黑、白间隔对比色相，如以黑线条勾花、叶的边缘，或相互间留白（但不宜过多），起缓和或加强对比作用，且能起稳定和衬托作用。（彩图 4-26）

（五）色调变化设计

童装色彩设计中色调变化设计指的是使用相同种类数目的色彩搭配出不同的色彩调子，也就是说，每套童装的主色调或组合颜色的数量不变，而通过色彩的面积大小或位置的安排来达到色彩变化丰富的效果，比如以黄色、红色或蓝色为主色调，或者同一种花型配以不同色调也会感觉色彩变化多样。（彩图 4-27）

四、整体色彩的意境

童装色彩的搭配除了基本原理的要求和技术上的要求以外，还要考虑到整体色彩意境的表现。色彩可以带给人们心理上的冷暖感。每种色彩还能传递其特有的情感和空间感。红色、橙色和黄色是一组暖色，可以带给人们心理上温暖活跃的感觉；蓝色、绿色和紫色是一组冷色，可以带给人心们理上平静理性的感觉，依此可以在服装上根据需要表现暖色调或冷色调的整体配色。明黄色、天蓝色是亮色，比较明快；咖啡色、藏蓝色等是暗色，比较沉稳；亮色与浅灰色组合是比较华美优雅的配色，高纯度色与高明度色组合是艳丽奔放的配色；暖色与亮色组合是活泼热情的配色；冷色与弱对比色组合是宁静安逸的配色。色彩组合方式的不同，将会在视觉上表达不同的审美，同时在情感上、意境上表达不同的象征意义。

第三节　不同年龄段童装色彩设计

儿童所处的生长阶段不同，其生理和心理特点也不同，因此不同年龄段童装的色彩设计也会随年龄的变化出现相应的变化和要求。

一、婴儿装色彩设计

婴儿睡眠时间长，眼睛适应力较弱，服装的色彩不宜太鲜艳、太刺眼，应尽量少用大红色做衣料，一般采用明度、彩度适中的浅色调，如白色、浅红粉色、浅柠檬黄、嫩黄、浅蓝、浅绿等，以映衬出婴幼儿纯真娇憨的可爱。而淡蓝、浅绿、粉色的色彩则显得明丽、灿烂，白色显得纯洁干净。服装花纹也要小而清秀，经常使用浅蓝、粉红、奶黄等小花或小动物图案花纹。（彩图 4-28）

二、幼儿装色彩设计

幼儿装是否好看，装饰得是否得体到位，首先取决于色彩的搭配。幼儿装色彩以鲜艳色调或耐脏色调为宜。

幼童服装宜采用明度适中、鲜艳的明快色彩，与他们活泼好动、喜欢歌舞游戏的特征相协调。幼儿服常采用鲜亮而活泼的对比色、三原色，给人以明朗、醒目和轻松感。以色块进行镶拼、间隔，可收到活泼可爱、色彩丰富的效果。如在育克、口袋、领子、克夫、膝盖等处使用鲜明色块拼接；或利用服装的分割线，以不同的色块相间隔。尤其是在柔和色系的童装中，将色彩块面与小碎花图案间隔拼接，可产生极佳的服饰效果。（彩图 4-29）

三、小童装色彩设计

小童期儿童的服装色彩与幼儿相似，这时的孩子有好学好动的特点，喜欢看一些明度较高的鲜艳色彩，而不喜欢含灰度高的中性色调。设计时可选用一些明亮、鲜艳的色彩和比较醒目的富有童趣的卡通画、动物、花卉来进行装饰，以表达孩子们活泼、天真的特点。也可以根据个人特点和需要选用浅色组。（彩图 4-30）

四、中童装色彩设计

中童正处于学龄期，进入小学后的童装色彩要看场合而定。可以使用较鲜艳的色彩，但不宜用强烈的对比色调，主要出于安全和低龄学童的心理考虑，那样会分散学生的上课注意力。一般可以利用调和的色彩取得悦目的效果，节日装色彩可以比较艳丽，校服色彩则要庄重大方。中童也存在体型和肤色上的千差万别，性别和年龄是穿着者服装色彩心理的生理依据之一，影响着服装色彩的审美评价与偏爱。中童装的冬季色彩可选用深蓝色、浅蓝色与灰色，土黄色与咖啡色，墨绿色、暗红色与亮灰色；春夏宜采用明朗色彩，如白色与天蓝色、浅黄色与草绿色，粉红色与黄色等。也可利用面料本身的图案与单色面料搭配。（彩图 4-31）

五、大童装色彩设计

大童装的色彩多参考青年人的服装色彩，降低色彩明度和纯度。色彩所表达的语言和涵义都要适合他们，少年装色彩主要表达积极向上、健康的精神面貌。但是又要比成年装的色彩显得青春有活力，因此灰度和明度也不能太低。夏季日常生活装可选择浅色偏冷的色调，冬季可选择深色偏暖的色调；学校制服颜色稍偏冷，色彩搭配要朴素大方，如白色、米色、咖啡色、深蓝色或墨蓝色等色彩的搭配；运动装则可使用强对比色彩，如白色、蓝色、红色、黄色、黑色等的交叉搭配。（彩图 4-32）

第四节　影响童装色彩设计的其他因素

童装配色是一个较具体而又复杂的问题，在具体运用时，还要注意以下几个问题：

一、童装材料

服装色彩与其他色彩最大的区别在于它和面料的质感和工艺等紧密联系在一起。首先,服装面料的质感发生变化,色彩就会随之产生复杂的感情作用。同样的红色,在粗纺的苏格兰花呢上,其色彩表情是粗犷、朴素;在织金银丝的织锦缎上,是豪华、辉煌;在乔其纱上是轻快优美;在人造革上则是冰冷理智。如果无视面料质感对于色彩的作用只是简单的了解色彩的性格是不行的。面料质感和色彩的组合是无限的,因此,表现在面料上的色彩表情也是无限的。其次,服装面料的染整工艺是服装色彩的生产力基础,也是服装色彩设计与应用的基本前提。染整工艺实现了服装色彩从平面的色彩方案到服装面料的过程。了解染整工艺对色彩的影响,也有利于我们在进行服装色彩设计的过程中,学会控制服装的制造成本和工艺难度。纹样、图案的色彩是虚拟的,面料织物是肌理的元素,织物整理是面料色彩的材质基础;整体把握面料的色彩效果必须综合考虑三者因素的影响。此外,服装色彩的最终效果是依附在人体上,是一个全三维的展示形式。研究服装的色彩规律与单纯研究平面色彩有很大差别,空间的影响是我们必须考虑的因素。对于材质感特别明显的面料,光色与空间对服装色彩的影响也比较强烈。即使是一种单一的色彩布料,在光的作用下,也会呈现一种简单的节奏美,并没有因为色彩的单一而乏味,相反呈现出端庄、素雅的视觉美感。对于丝织物与裘皮等面料的服装,以及抽褶、折叠、镂空、编织等对面料的处理手法,光对服装色彩的影响就更加明显了。在进行服装色彩设计时,不仅要考虑色彩的平面效果,更应从三维立体的形态展现中去思考。

目前,我们使用的纺织品类较多,但是同一花色,由于原料的性质不同,做成服装的效果也是不同的。例如橘红与米黄基本调和,制成女童装在色彩上没什么问题,但是如果分别选用呢料和纱料制成上下两件的套裙,就会显得非常不协调。因此我们在配色时不但要考虑色调的搭配,而且要结合面料同时考虑。(彩图 4-33)

二、儿童肤色、体型、年龄、性别

童装的配色效果,儿童肤色是基本条件,影响着衣服、鞋帽、围巾、手套及其他配件的色彩。服装的配色应该扬长避短。肤色洁白的儿童,一般来说不论配什么颜色都较适合,都显得美观而又文雅,尤以选配鲜艳、明亮的色彩为佳。主要根据各人爱好,考虑其性格特征就可以。肤色较黄或青黄的儿童,在服装配色时应尽量避开黄色、灰黑色和墨绿色,而应选配柔和的暖色调,如红、橙等色,以使皮肤显得红润健康,否则会显得皮肤更黄。黄褐色皮肤的儿童一般忌用浅亮的黄、橙色和深沉的褐色、深驼色、黑灰色等。若选用与肤色呈弱对比的、纯度较低的粉红、粉绿、蓝绿等就会好些。肤色较黑的儿童,不宜选配深暗色的服装,否则服装和肤色过于接近,反而会加强“黑”的感觉,但也不宜选用过于浅淡的服装配色,否则也会显得皮肤更黑。肤色较黑的儿童应该选用对比鲜明的色彩,按照一般服装配色规律,肤色愈黑则愈适合选用对比较强的色调,以使服装显得更鲜艳夺目。当然,还是要根据具体的人来配色较为实际、可靠。即使是肤色较黑的儿童,个人的“黑”也各不相同,有的人黑里透红,就该选用稍冷的配色,有的人黑得发绿,则适宜用稍暖的配色。肤色较暗的儿童,应首选高明度、高纯度、色彩鲜艳的服装,这样的穿着会显得精神、醒目。肤色较亮的儿童对服装色彩的适应范围就宽一些,如穿粉色、黄色、红色,人会显得活泼、亮丽,即使是穿灰色、黑色,人也会显得清秀、雅致,给人一种舒服自然的感觉。

在注重色彩与儿童的肤色相适应的同时,还要注意儿童的体形与童装色彩搭配。比较胖

的儿童要选冷色或深色的服饰,比如:灰、黑、蓝等冷色或暗色的衣服,因为这样穿起来有收缩作用,可以弥补这个孩子的身体缺陷;比较瘦弱的儿童可以选择一些暖色的衣服,绿色、米色、咖啡色等,这些颜色是向外扩展的,能给人们一种热烈的感觉。再比如下肢偏短的儿童,就不希望上衣与裤子的色彩明度差距过大,而身材太瘦小的儿童则不易穿着过于淡雅的服装等等。

童装色彩的选择与儿童的性别也有很大关系。男孩子、女孩子对色彩的喜好截然不同,不同年龄不同性别的孩子由于正在经历不同的生长阶段,他们对色彩的需求也是区别明显。为0~1岁婴幼儿所设计的服装还无须特别强调性别特征,但已经有了性别倾向,这个时期服装的色彩不应当太过鲜艳,以免过于刺激孩子的视觉。1~3岁儿童的服装性别倾向已经比较明显,而3岁以后的孩子已经开始懂得性别的区别,开始很强调自己是男孩子或者是女孩子。女童则较多使用粉色系和紫色系,以塑造一种甜美淑女风格或高贵公主风格。而男孩子的衣服将酷爱运动的本性进行到底,多使用黑白色系或蓝色系、黄色系、绿色系等,童装色彩的性别划分越来越明显,家长们也越来越关注对孩子性别意识的培养。但这个时期的童装色彩浓度要掌握得恰到好处,颜色太深的话,容易让孩子心理产生早熟的迹象,而色彩太艳丽,又让身处其中的孩子经常产生不安宁感,容易脾气暴躁。此外,两性差异还表现在感觉之上的视觉和触觉。女孩的视觉一般比男孩敏感,比男孩子更多的区别形态和色彩差异,这也是女孩子爱穿漂亮和新鲜颜色服装的潜在因素。男孩和女孩在思维方式上也有一定的差异。女孩子比较倾向形象思维,注重服装色彩、形式的变化;男孩子则比较注重抽象思维,崇尚服装色彩、线条的简洁。(彩图4-34)

三、地区、季节、气候

童装的色彩还要随着季节、气候的变换而变化。北方衣着色彩要求深一些,暗度和纯度稍高,一般习惯于黑色、蓝色、紫色、深咖啡色等容易吸光的色彩;南方气候较暖,相对以明度高些、纯度低些的调和色为多,一般喜欢反光强的浅色调;又如风沙多的地区由于浅色调不耐脏就不宜选用浅色调。城乡儿童的色彩使用习惯也有差别。一般城市儿童大多使用较文静素雅、纯度较低的调和色调;而乡村儿童多喜爱纯度较高、对比较强、响亮鲜明的色调。

一般来说,春季由于气候温和,一般选用明度高、纯度低的中性色调和浅色调;夏季炎热,则偏向于选用反光强的清淡色调,比如白色和蓝色,给人以凉爽的感觉;秋装色彩又转深一些,明度低些,纯度可高些;冬装则多用吸光强的深色和暖色调,色彩要求暗度更高的深色,使服装有暖和的感觉。但是这也不是绝对的,有时为跟上流行色,也有使用浅色调和冷色调的,例如白色和浅蓝色的滑雪衫也是深受欢迎的。

此外,儿童上街不宜穿伪装色或色彩暗淡的服装,尤其要避免服装颜色与路、建筑物的颜色近似。服装的色彩要鲜艳,特别是雾天,应以穿红色、蓝色和黄色服装为宜,晚上以穿反光强的白色服装为宜。(彩图4-35)

四、社会习惯

与所有设计或艺术相同,童装色彩设计也要考虑社会习惯。人们对于色彩的喜好,与其所处的社会环境有直接的关系。不同的国家、地域和民族,受地理、宗教、历史发展的沉淀的文化影响不同,社会习惯不同,人们对于色彩的偏好也各不相同。从社会习惯角度讲,色彩具有很强的象征作用。

对于现代人来讲,服装色彩的古代象征意义已经不复存在,着装配色可以根据个人喜好。但是历史积淀是割不断的,一些传统的社会习惯还残存于人们的生活当中。阿拉伯一带的国家多喜欢绿色,奥地利人认为穿绿色服装或在服装上镶绿边是高贵的,而法国人则对墨绿色极为反感。鲜明的黄色和橙色很受黑人喜欢,而白人则偏爱咖啡色。无论是传统色彩还是现代色彩均对服装色彩设计产生重要影响。这就要求在设计服装时强调服饰色彩与社会习惯文化的调和问题,尊重传统文化是研究服装色彩与文化调和的基础。(彩图 4-36)

五、童装品牌形象、童装风格

童装品牌形象主要指童装品牌的独特魅力,是营销者赋予该品牌的,并为消费者感知并接受的个性特征。随着社会经济的发展,童装商品丰富,人们对童装产品的消费水平、消费需求也不断提高,不仅包括了商品本身的功能等有形表现,也把要求转向童装商品带来的无形感受和精神寄托。在这里品牌形象的无形内容主要反映了着装者的情感,显示了其身份、地位、心理等个性化要求。每个童装品牌都有自己的形象特征,而这些形象特征又往往是与童装风格定位联系在一起的,比如圣宝度伦品牌童装,是非常休闲田园化的童装,很有英国童装的特点,体现在色彩上就是米色、咖啡色、驼色、棕色、灰豆绿、各种色相含灰色的运用,置身于其品牌店就会使人联想起在英伦秋季广袤的田野上,一群嬉戏的儿童,穿着与自然融为一体的服装,尽情感受着大自然的清新气味,那种休闲、自在、放松的感觉正是该品牌所极力营造的品牌形象和服装风格。再比如依恋品牌童装,各种各样格子布的运用是其特色,其配色特征比较明显,这也正是依恋品牌的形象特征体现,也反映出了这个品牌童装的风格。所以,童装设计师在选择童装色彩时一定要首先考虑该品牌童装的形象色彩和该童装风格所适合的色彩。(彩图 4-37)

本章小结

童装色彩的变化比成人服装要丰富得多,而且同一件服装上经常会出现多种色彩,以体现儿童花朵般的天真可爱的形象。本章讲述了童装色彩与儿童心理和生理的关系、童装色彩的组合方式、不同年龄段童装色彩设计以及影响童装色彩设计的其他因素,其中童装色彩组合方式和不同年龄段童装色彩设计是重点,学习者应该充分了解,对多种色彩组合方式结合儿童年龄和服装款式尽量多尝试练习,比如同一款式童装选用不同的色彩组合方式,然后观察其设计效果。同时建议多到童装卖场去调研,看看不同品牌、不同风格的童装是怎样配色的。

思考与练习

1. 童装色彩组合如何体现不同年龄段儿童的心理和生理特点?
2. 影响童装色彩选择的因素有哪些?
3. 分别为5个年龄段的儿童(男童或女童)设计冬季外套的配色,要求2款服装款式相同,其他元素不限,色彩表现,平面款式图或着装效果图表现。

第五章 童装面料设计

童装面料指用作儿童衣服的材料，是构成儿童服饰产品的关键要素之一。它一方面作为童装的物质载体，另一方面又有着一些表面的特征，如面料成分、面料结构、面料性能等，了解和掌握不同面料的特性，才能在设计中充分发挥这些面料的功能，设计出与其相适应的童装款式。

童装面料使用最多的纤维原料是天然纤维和化学纤维，在此，对童装使用的主要织物种类、特性及用途作进一步介绍。

第一节 童装面料的基本知识

在学习童装面料设计时，首先要了解童装面料的基本知识，比如性能识别、流行关注、选购方法、安全指标等，其中童装面料的安全指标因儿童群体的特殊性也有不同于成年服装面料的单独的规定。

一、面料性能的识别

正确分析识别童装面料性能并准确合理地运用于服装设计是每一个设计师需要掌握的基本知识，否则面料识别错误可能会导致整款服装的设计、制作、穿着或洗涤等环节出现问题。服装面料的识别包括服装面料的原料识别、外观特征识别以及外观质量识别等。观察识别面料不仅要用视觉，而且要用触觉、嗅觉甚至听觉。如运用眼睛的视觉效应观看织物的光泽明暗、染色情况、表面粗细及组织、纹路和纤维的外观特征，比如纯棉布光泽普通柔和，外观不够细洁，粗糙甚至有棉结杂质，羊毛与涤纶混纺的呢绒光泽较亮，有闪色感，身骨略为板硬而失之柔软，并随涤纶含量的增加而明显突出。缺乏柔和的柔润感，织物挺括、平整、光滑；运用手的触觉效应能够感觉织物和纤维的软硬、光滑、粗糙、细节、弹性、冷暖等，用手还可以测出纤维中纱线的强度和伸长度，比如纯棉布手感柔软、弹性不佳、易皱折，用手捏紧布料会有明显折痕且不易恢复，桑蚕丝绸轻柔、平滑、细腻、富有弹性，紧握后松开，有折皱，不很明显，以手托起能自然悬垂，干燥时手摸绸面有丝丝凉爽感和轻微的拉手感；而听觉和嗅觉对判断某些原料的织物有一定的帮助。如摩擦丝绸表面会有清脆的丝鸣声，撕裂时声音清亮，各种纤维的织物撕裂时声响不同，而腈纶和羊毛织物的气味有差异则可以燃烧后用鼻子闻一下通过嗅觉判断等。

不同的面料具有不同的透气性、吸湿性、保暖性等性能，比如棉织物具有良好的透气性和吸湿性，穿着舒适，保暖性较好，是最理想的童装面料。选择面料时要确认面料的透气性、保温性、吸湿性、静电性等性能特征，再针对面料的挺括性、重量感、软硬度和悬垂性来考虑它适合什么样的造型、做什么样的款式等。

二、面料流行的关注

选择童装面料时，一方面要注意面料的性能，另一方面要注意面料的色彩、花型的流行与工艺技术的时尚。关注面料的色彩、纹样、织造肌理的流行程度，或环保的科技感与褶皱加工技术、外形加工整理、成衣后加工引起的变化的可能性，以充分利用面料的特征和性能来进行适当的设计，才能在外观上表现出最强烈的时尚印象。

三、面料选购的方法

选择面料最常用的方法是直接在面料批发市场中寻找，现钱现货直接购买。其次为期货方式，从批发商提供的样品中选择订货，在预付定金后，按照合同签订的时间可拿到市场最新的面料。第三是设计师自己设计面料，包括面料的色彩、纹样以及组织纹理，再寻找面料厂家按要求定织定染，这是获得独家拥有独特面料的最佳方法。大型服装企业由于面料用量大，通常到面料生产企业直接订货，有时也会在大型面料批发市场进货；中型服装企业和二级批发商由于大型批发市场的花色品种多、价格低、选择范围大而在此进货；小型服装企业因购买量较小一般都到二级批发市场购买；而个人购买大多在零售市场。

第二节 常用童装面料

一、按织造方法分类的童装面料

（一）梭织面料

1. 特性

梭织面料由两组或多组的纱线相互以直角交错而成，纱线呈现纵向称为经纱，纱线横向来回称为纬纱。由于梭织面料纱线以垂直的方式互相交错，因此具有坚实稳固、不易脱散、弹性差、尺寸稳定性较好、缩水率相对较低的特性。

2. 常见种类与应用

（1）细平布

细平布又称细布，系用细特棉纱、粘纤纱、棉粘纱、涤棉纱等织制。其特点是布身细洁柔软，质地轻薄紧密，布面杂质少。平布表面和底面的布纹一样，结实耐用，比较硬挺。加工后的细布用作内衣、裤子、夏季外衣、罩衫、裤装等的面料。（彩图 5-1）

（2）色织布

由多种染色纱线织成的织物，可以通过变化经纬纱的交织方式，配合不同色泽，交织出多种不同花形和色泽的产品。有线呢、劳动布、彩格绒、被单布、青年布等。随着化纤混纺织物的发展，色织布品种不断增加，如涤棉高支面料、涤棉中长花呢等等。色织布不易脱色，色彩变化繁多。色织物在童装中使用非常广泛，儿童外套、大衣、裤装、衬衫、裙装都经常使用色织布。（彩图 5-2）

（3）斜纹布

斜纹布经纱数多于纬纱数（通常 3/1），形成斜面纹。特殊的布面组织令斜纹的立体感强烈，平纹细密且厚，光泽较好，手感柔软。多应用在儿童外套、大衣、风衣、西裤、裙装等。（彩图 5-3）

（4）珠帆布

珠帆布表面和底面的布纹一样成品较为挺括，全棉薄型珠帆布易起皱。珠帆布多用于儿童裤装、外套、鞋面、帽子、夹克衫等。（彩图 5-4）

（5）牛仔布

牛仔布织法同斜纹布一样，但只是经纱染色，布底浅色有多种规格。牛仔布种类变化繁多，较为硬挺，且耐洗、耐磨、耐用，可适用于不同童装款式，是童装最常见的面料品种之一。（彩图 5-5）

（6）尼龙布

尼龙布表面和底面的布纹一样，使用人造纤维原料，耐用，易洗易干，不宜曝晒，用于童装时

一般只用作风衣或外套面料，且一般用于年龄较大的童装。（彩图5-6）

（7）灯芯绒

灯芯绒经特种织机织成，经抓毛处理有3.5坑、8坑、13坑、21坑等规格，布面呈毛状，保暖。灯芯绒是童装面料的一大品类，可用于多种童装款式，比如常用于儿童大衣、外套、棉袄、裤装、夹克衫、裙装、衬衫等。（彩图5-7）

（二）针织面料

1. 特性

针织面料是由线圈相互穿套连接而成的织物，是织物的一大品种。针织面料具有较好的弹性，吸湿透气，舒适保暖，是童装使用最广泛的面料，原料主要是棉、麻、丝、毛等天然纤维，也有锦纶、腈纶、涤纶等化学纤维。针织物组织变化丰富、品种繁多，外观别具特点，过去多用于内衣、T恤等，而今，随着针织业的发展以及新型整理工艺的诞生，针织物的服用性能大为改观，几乎适用于童装的所有品类。

2. 常见种类与应用

（1）平纹布

平纹布表面是低针，底面是高针，织法结实，与双面布比较布面较薄，较轻，透气，吸汗，弹性小，表面平滑，相对易皱及变形，多用于儿童T恤及内衣。（彩图5-8）

（2）罗纹布

罗纹布布纹形成凹凸效果比普通针织布更有弹性，是最常用的儿童针织面料，适用于儿童外套、裤子、裙子等多种款式，幼童和小童装中更多使用，还经常用于童装的领口、袖口、底摆等。（彩图5-9）

（3）双面布

双面布表面和底面的布纹一样，布的底面织法一样，比普通针织布幼滑，有弹性，吸汗，洗后容易起毛，多用于T恤和内衣，也用于外套、裤子、裙子等。（彩图5-10）

（4）珠地布

珠地布表面呈疏孔状，有如蜂巢，比普通针织布更透气、干爽及更耐洗，多用于儿童外套、运动服、T恤、休闲连帽衫等。（彩图5-11）

（5）毛巾布

毛巾布底面如毛巾起圈，保暖性好，具有柔软观感及手感，多用在儿童家居服、睡袍、睡袋、T恤、袜子等。（彩图5-12）

（6）卫衣布

底面如毛巾起圈，棉纱线织纹，布面如毛巾布保暖，耐洗，柔软，吸汗，较厚，多用于儿童秋冬运动服、休闲连帽衫、卫衣等。（彩图5-13）

（7）威化布

威化布表面呈威化饼形状立体感强，洗后较易变形，常用于儿童内衣、T恤等。（彩图5-14）

（8）绒布

绒布布身经抓毛后剪去表层呈起毛效果，保暖性好，弹性较佳，平滑，柔软，多用于儿童外套、大衣、连帽衫等。（彩图5-15）

（三）网扣花边类面料

网扣是以网形面料为基础进行编结绣花成型的工业品，属抽纱的一种。现代网扣经精心设计和相继探索，图案和针法不断改进，网扣花色逐渐更新，由过去的单一本色发展到现在的漂白和彩色。本色网扣自然典雅，素淡朴实；漂白网扣洁白如雪，一尘不染；彩色网扣色彩鲜艳，绚丽妩媚。网扣有顺线、圈线、缠梗、拉网、勒瓣、编布等工艺针法。

花边面料是针织提花机器织出或手工编织的一种布料，现代花边的设计与工艺也在不断改进，花边的种类越来越多，如弹性花边，非弹性花边、蕾丝花边、布花边、印花花边等。

网扣花边面料有手工和机械之分，而且有化纤、真丝、布等不同质地，网扣花边类面料可用来做整件服装，如女童的披肩、裙套装的上装小套衫、礼服等。网扣花边面料更是女童装经常使用的装饰材料，经常用于女童装的袖口、领口、底摆、帽边以及衣身，这种面料用于女童装使服装更加优雅、可爱、秀美，尤其是在优雅风格和娇柔风格的女童装中，花边几乎是必不可少的装饰。（彩图5-16）

二、按原料分类的童装面料

（一）棉织物

1. 特性

棉织物又叫棉布，是指以棉纤维作原料的布料。

棉织物吸水性强、耐磨耐洗、柔软舒适，冬季穿着保暖性好，夏季穿着透气干爽，棉织物以其优良的服用性能而成为最常用的童装材料之一，是最为普及的童装面料。但其弹性较差，缩水率较大，易起皱。棉织物色彩一般比较鲜艳，多用于儿童夏装、休闲装、内衣、运动装等。

2. 常见种类与应用

（1）平纹织物

平纹织物包括细平布、府绸、细纺布等，表面平整光洁，质地紧密，细腻平滑，多用于儿童衬衫、罩衫、裙装、睡衣等品种。（彩图5-17）

（2）斜纹织物

斜纹织物包括斜纹布、劳动布、牛津布、卡其、华达呢等。织物表面有斜向的纹理。质地厚实粗犷，手感硬挺。作为儿童牛仔服及其他休闲服、外套的面料使用很受欢迎。（彩图5-18）

（3）绒类织物

绒类织物包括天鹅绒、平绒、条状起绒的灯芯绒织物等。灯芯绒织物表面有凹凸条状，有粗条纹和细条纹之分，粗条纹外观粗犷、纹路清晰，细条纹外观细致、纹路柔和。绒布织物表面绒毛细密，外观平整丰润，光泽柔和、手感柔软，有弹性，有着厚实温暖、柔和可爱的感觉。绒类织物多用于儿童大衣、外套、休闲服、裤子、裙子、夹克和风衣等品种。（彩图5-19）

（4）绉类织物

绉类织物包括表面呈泡泡状起皱的泡泡纱或起皱类的绉布、轧纹布等。绉类织物布身轻薄、凉爽舒适。适用于儿童睡衣、衬衫、连衣裙、背心裙、裙套装等品种。（彩图5-20）

（5）针织物

针织物由线圈串套而成的针织织物，纯棉针织物多用于儿童贴身穿的服装，如内衣、棉毛

衫、棉毛裤等。纯棉针织物是童装面料的一大品类。(彩图5-21)

(6) 毛圈织物

毛圈织物包括单面毛圈、提花毛圈、双面毛圈等。毛圈织物手感丰厚柔软,有饱满暖和的感觉,适合做婴幼儿的小外套、裤子、帽子以及年龄较大的儿童的大衣、外套等。(彩图5-22)

(7) 棉与化纤混纺织物

棉与化纤混纺织物的风格特点有混合纤维的多种性能。多用于儿童裤装和套装品种。(彩图5-23)

(二) 麻织物

1. 特性

麻织物面料是由麻织物纤维织制而成的面料,主要原料为亚麻和苎麻。麻织物具有吸水、抗皱、稍带光泽的特性,感觉凉爽、挺括,耐久易洗,质地优美,风格含蓄,色彩一般比较浅淡。但是麻织物也有柔软性差、容易起皱的缺点,且其吸湿性比棉差,所以不适合做儿童内衣。此外,麻织物缺乏弹性变形能力,弹性恢复能力差,经水洗后还会产生收缩。

2. 常见种类与应用

(1) 亚麻织物

亚麻织物包括夏布、亚麻细布、罗布麻、纯麻针织面料、亚麻薄花呢等。亚麻织物布面光洁匀净、质地细密坚牢、外观挺爽。可用于儿童衬衫、罩衫、西服、大衣等品种。(彩图5-24)

(2) 苎麻织物

苎麻织物包括纯苎麻网格布、苎麻棉混纺织物等。麻织物经过技术处理后表面平整光洁,与人体肌肤接触有良好触感,感觉滑爽且柔软透气、耐洗耐晒,苎麻织物还有抑菌作用,是典型的原料型保健纺织品,适合于开发童装产品。(彩图5-25)

(3) 麻混纺织物

麻混纺织物包括棉麻漂白布、麻丝爽、锦纶麻闪光绸、麻丝交织布等。麻纤维织物与其他织物混纺,可具有不同的服用性能。如与纱混纺成麻纱面料,悬垂性很好,起皱现象有所改善,经常用来制作裙装、裤装等;与棉混纺,其柔软性增强,服装适应面更为广泛。麻混纺织物可用于儿童衬衫、罩衫、运动服、西服、大衣,适合于开发系列童装产品。(彩图5-26)

(三) 毛织物

1. 特性

毛织物是由动物纤维纺织而成。主要原料有绵羊毛、马海毛、山羊绒、兔毛、骆驼绒、羊驼绒、牦牛毛等。毛织物具有良好的保温性和伸缩性,吸湿性好、不易散热,不易起皱,有良好的保形性,手感丰满,光泽含蓄自然,色彩一般比较深暗、含蓄,感觉庄重、大方。但羊毛织物易缩水,易被虫蛀。

2. 常见种类与应用

(1) 粗纺毛织物

粗纺的经纬毛纱是用较短的羊毛为原料制成的粗梳毛纱。粗纺毛织物比较厚重,有一种体积感。织物表面毛绒,丰满厚实,保暖性好,是秋冬季节里比较理想的服装衣料。品种有麦尔登呢、海军呢、大衣呢、顺毛大衣呢、羊绒、驼绒等,可用于儿童大衣和外套。经过轻微拉绒处理的法兰绒,可用于儿童裙装、夹克、套装、背心裙、半截裙等品种。(彩图5-27)

(2) 精纺毛织物

精梳毛纱是以长纤维为原料经精梳工序纺成。精纺毛织物挺爽,表面光滑,具有挺括、吸汗和良好的透气性,重量轻而结构细密,回弹力好且经久耐用,主要品种有哔叽呢、啥味呢、女士呢、麦士林、直贡呢、礼服呢等。可用于儿童轻薄大衣、套装和运动服等品种。(彩图 5-28)

(3) 毛混纺织物

毛混纺织物是羊毛与混纺纱线织成的织物。如仿毛织物、毛与化纤混纺织物等,童装中较多运用仿毛或毛混纺的面料,尤其是在年龄较大的童装中。(彩图 5-29)

(四) 丝织物

1. 特性

丝织物是指以蚕丝为原料织成的面料,包括桑蚕丝织物与柞蚕丝织物两种。柞蚕丝织物色泽黯淡,外观比较粗糙,手感柔软但不滑爽,坚牢耐用;桑蚕丝细腻光滑。丝织品与皮肤之间有着良好的触感,吸湿透气、轻盈滑爽,弹性好,特别适合做贴身服装,非常适合于儿童娇嫩的皮肤。但是丝织物容易起皱。

2. 常见种类与应用

(1) 绉纱类织物

绉纱类织物包括双绉、电力纺、乔其纱等。绉类织物布面呈柔和波纹状绉效应,织物柔软而滑爽;纱类织物轻而柔软,布面平爽,透气、轻薄。绉纱类真丝衣料丰满悬垂性好,可用作儿童、衬衫、连衣裙等品种。(彩图 5-30)

(2) 绸类织物

绸类织物包括纺绸、塔夫绸、山东绸、斜纹绸等。绸类织物则一般质地紧密,光泽柔和自然,可用作儿童礼仪服装和表演用装等。(彩图 5-31)

(3) 缎类织物

缎类织物包括经纬缎、织锦缎、罗缎、软缎等。缎类织物手感光滑柔软,质地坚密厚实。适合做儿童衬衫、裙子、外套等,以及可用作儿童礼仪装和表演装以及民族风格服装。(彩图 5-32)

(五) 化学纤维织物

1. 特性

化纤织物是指采用天然或人工合成的高聚物为原料,经过化学处理和机械加工制成纺织纤维,然后再加工成面料。化学纤维比天然纤维制品便宜,是比较平民化的织物。化学纤维的缺点是与皮肤之间的触感不好,穿在身上感觉不舒适,而且透气性较差,所以不适合作内衣用料。化纤织物分为人造纤维织物和合成纤维织物。人造纤维织物有富春纺、人棉布等。合成纤维织物有粘胶及富纤织物、丙纶织物、锦纶织物、涤纶织物、腈纶织物等。(彩图 5-33)

2. 常见种类与应用

(1) 粘纤织物

粘胶纤维可以制成人造丝、人造棉以及人造毛织物,如人造棉、美丽绸、富春纺、羽纱、毛粘花呢、人造华达呢等。吸湿性胜于其他化纤面料,染色性好、色泽鲜亮,手感柔软,舒适性好,但抗皱性差且易变形。粘纤织物在童装中是一种使用范围较宽的常用织物,可用于制作儿童套装、运动衣、罩衫、夹克、衬衣、便裤、睡衣、内衣、里料和帽子等。

（2）腈纶织物

腈纶有合成羊毛之称，可以仿毛料和羊毛混纺织物等。其织物手感柔软有弹性，保暖性、耐光耐药品性好，易洗易干，防虫蛀，宜于制作户外服装。主要品种有腈纶纯纺织物、腈纶混纺织物、拉绒织物、割绒织物、仿裘皮等。其织物有轻、软、暖的特点。主要用作童装中的礼服、棉毛衫、裙子、滑雪衫、运动服、校服及袜子等。

（3）变性腈纶织物

变性腈纶织物具有弹性，柔软、耐磨、抗皱、抗燃、易干、耐酸碱，保形性好。主要种类有起绒面料、针织起绒衬布、无纺布等。用作童装中的长毛绒大衣、服饰饰边、里料及仿毛皮等。

（4）锦纶织物

锦纶织物品种的特点是强度大，柔软、耐磨、光泽好，易洗、抗油且富有弹性；但吸湿性较差。主要用作童装中的罩衫、礼服、内衣、滑雪衣、风雨衣及袜子等。

（5）涤纶织物

涤纶织物可以仿丝、仿毛、仿麂皮等，实用范围广泛，强度较大，抗皱、拉伸性好，较挺爽，耐磨、易洗，褶皱热定型保持能力良好，主要用作童装中的学校制服、罩衫、衬衫、套装、内衣、宽松衣服及短袜等。

（6）氨纶织物

氨纶织物主要优点是重量轻、舒适且具最佳的弹力性能，可以把服装造型的曲线美和服用舒适性融为一体。氨纶织物手感平滑、吸湿透气性好，不起皱。主要种类有弹力棉织物、弹力麻织物、弹力丝织物。可用作儿童练功服、体操服、运动服、内衣等，近年来与氨纶混纺的材料或含有氨纶的服装备受市场上消费者的欢迎。

（六）皮草及皮革面料

1. 特性

皮草又称毛皮。皮草及皮革都有天然与人造之分。

天然皮草外表美观，穿着大方，华丽高贵，舒适温暖。由于其造价高昂，只用于极少数的高档童装。

人造皮草保暖，外观美丽、丰满，手感柔软，绒毛蓬松，弹性好，质地松、轻、耐磨，抗菌防虫，易保藏，可水洗，但防风性差，掉毛率高。

天然皮革是牛、羊、猪、马、鹿或某些其他动物身上剥下的原皮，经皮革厂鞣制加工后，制成各种特性、强度、手感、色彩、花纹的皮具材料，是现代真皮制品的必需材料。其中，牛皮、羊皮和猪皮是制革所用原料的三大皮种。天然皮革的特点是柔软、透气、耐磨、强度高，具有吸湿性强和透气性好的优点。特别是在天然皮革上面有天然的粒纹，这是其独有的，天然皮革遇水不易变形，干燥，耐化学药剂，防老化，但大小不一，加工难以合理化。

人造皮革也叫仿皮或胶料，是 PVC 和 PU 等人造材料的总称。它是在纺织布基或无纺布基上，由各种不同配方的 PVC 和 PU 等发泡或覆膜加工制作而成，防水性能好、边幅整齐、利用率高和价格相对真皮便宜，但绝大部分的人造革，其手感和弹性无法达到真皮的效果。

皮草及皮革面料制成的服装保暖性好，吸湿透气，穿着也较舒适。在皮革上还可以采用压花、金属装饰品点缀等方法。（彩图 5-34）

2. 常见种类与应用

(1) 天然小毛细皮类皮草

天然小毛细皮类皮草主要包括紫貂皮、水貂皮、水獭皮、黄鼬皮、灰鼠皮、扫雪貂皮等。毛被细短柔软,适于做高档儿童大衣、帽子、围巾、披肩等。

(2) 天然大毛细皮类皮草

天然大毛细皮类皮草主要包括狐皮、貉子皮、猞猁皮、獾皮、狸子皮等。张幅较大,常被用来制作高档儿童帽子、大衣、斗篷等。

(3) 天然粗皮草类皮草

常用的天然粗皮草类皮草有羊皮、狗皮、狼皮、豹皮、旱獭皮等。毛长并张幅稍大。可用来做帽子、大衣、背心、衣里等。比如羔羊毛皮,其毛被弯绺多样,无针毛,整体为绒毛,色泽光润,皮板绵软耐用,为较珍贵的毛皮。一般用于儿童外套、袖笼、衣领等。

(4) 天然杂皮草类皮草

常见的天然杂皮草类皮草有兔皮等,适合做服装配饰,价格较低。兔毛皮属低档毛皮,毛色较杂,毛绒丰厚,色泽光润,皮板柔软。可用于儿童衣帽及儿童大斗篷、衣领等。

(5) 人造皮草

人造皮草是通过多种类型的化学纤维混合而成的。人造皮草幅面较大,可以染成各种明亮的色彩;另外,它具有动物皮草的外观,各种野生和养殖的皮草种类都可以仿制。但其最大特点就是不环保,不易降解,对环境有污染。

(6) 牛皮革

牛皮革的结构特点是真皮组织中的纤维束相互垂直交错或略倾斜成网状交错,坚实致密,因而强度较大,耐磨耐折。粒面毛孔细密、分散、均匀,表面平整光滑,磨光后亮度较高,且透气性良好,是优良的服装材料。可用于儿童袋料、运动上衣、鞋类及皮包类等。

(7) 猪皮革

猪皮的结构特点是真皮组织比较粗糙,且又不规则,毛根深且穿过皮层到脂肪层,因而皮革毛孔有空隙,透气性优于牛皮,但皮质粗糙、弹性欠佳。粒面凹凸不平,毛孔粗大而深,明显地三点组成一小撮则是猪皮革独有的风格。在童装中使用主要用于制鞋业。

(8) 山羊皮革

山羊皮革皮身较薄,真皮层的纤维皮质较细、在表面上平行排列较多,组织较紧密,所以表面有较强的光泽,且透气、柔韧、坚牢。粒面毛孔呈扁圆形斜伸入革内,粗纹向上凸,几个毛孔成一组呈鱼鳞状排列。山羊皮革可用于做儿童外套、运动上衣等。

(9) 绵羊皮革

绵羊皮革的特点是表皮薄,革内纤维束交织紧密,成品革手感滑润,延伸性和弹性较好,但强度稍差。广泛用于童装、鞋、帽、手套、背包等。主要用来做帽、坎肩、衣里、褥垫等。

(10) 人造皮革

人造皮革可以根据不同强度、耐磨度、耐寒度和色彩、光泽、花纹图案等要求加工制成,花色品种繁多,色彩多样,可塑性强,常用于跟随流行变化较快的儿童时装和前卫风格的童装。

第三节 童装面料的造型风格分类与应用方法

一、光泽型面料

光泽型面料指表面有光泽的面料，由于光线有反射作用，所以能加大人体的膨胀感。在童装设计中常用光泽型面料制作儿童盛装和舞台服装，具有富丽堂皇、光泽耀目的感觉，而且面料光感会随受光面的转移而变化，给人流动变幻的感觉。光泽形面料一般包括丝绸、锦缎、人造丝、皮革、涂层面料等。丝绸、锦缎、真丝缎则柔亮细腻，质地华丽高雅，多用于儿童盛装和高档礼服的制作。皮革和涂层面料，反光极强，光感冷漠，不够柔和，但有很强的视觉冲击力和时代感，适合前卫的、都市的、未来风格的童装设计或者营造效果的舞台表演童装设计。皮革服装防风保暖，在儿童冬季服装和春秋季服装中经常使用。涂层面料根据涂层的性质而定，防水涂层的面料多用于风雨衣等服装，荧光涂层面料则多用于儿童夜行外出装。童装设计中常采用或搭配采用一些鲜艳光泽的面料，不仅是为了体现儿童活泼灿烂的性格，同时也是为了让人们能够更加注意和保护儿童，比如在童装上搭配一些荧光色条纹，在需要辨别性强的特殊天气、特殊环境就比较容易注意到儿童，从而避免发生危险。

二、无光泽面料

无光泽面料多为表面凹凸粗糙的吸光布料。一般面料的表面都有凹凸不平的成分，反射光线被吸收，于是形成无光泽的表面效果。无光泽的面料覆盖面非常广，可包括多种原料的面料。无光泽且质地较为轻薄柔软的面料造型一般比较随意自然、感觉轻松，是休闲童装常用的面料；无光泽但质地厚实挺括的面料适合平直挺括的造型，感觉率性稳重，童装西服、礼服、外套、大衣等多用这种面料；无光泽且质地蓬松柔软的面料适合表现粗犷松垮的造型，感觉温暖，童装中秋冬服装、毛衣、披肩、斗篷、家居服等多采用这种面料；无光泽但有立体感有肌理效果的面料，则可根据面料的肌理特色适合多种造型，一般来说，以厚重的大体积造型居多。这种面料多用于冬季童装，造型蓬松宽大，感觉厚重暖和。当面料的立体感和肌理效果较夸张时则通常会用于表较前卫的休闲时装或者创意装和舞台装。

三、平整型面料

平整形面料表面缺少变化，在设计和缝制中要适当考虑加入压褶、抽皱、分割等工艺技法，对柔软的材料可进行斜裁，使之更加柔顺、伏贴和悬垂。若是轻、薄、透的面料，可堆积使用，通过压褶、悬垂、覆层等表现手段，使之变化丰富起来。对厚重的面料，则较多使用分割线或装饰线的变化来变化造型。同时正是由于这类面料的表面比较平整，特别适合简洁大方、强调线条的造型设计。平整型面料在童装设计中应用非常广泛，特别是婴幼儿如儿童套装、校服等都使用平整形面料。

四、立体感面料

立体感面料是指表面具有明显肌理效果的面料。随着现代科技和纺织技术的发展，名目繁多的各种立体感面料越来越多地出现在设计中，成为许多服装的设计特色。立体感面料由于其本身就具有一定的体积感，在裁剪和缝制上比普通面料会有一点难度，而且还要突出面料本身的特色，所以多采用简洁的造型。立体感面料的肌理既可以在轻薄透明面料上表现适合雍容华美的造型，也可以在厚重硬挺形面料上表现，可塑造夸张蓬松的造型，还可以将透明面料与厚重面料结合使用，如采用植绒法加工的立体感面料，通常就是将细绒植入到薄纱或网织品的基布上，具有天鹅绒的味道，可用来设计儿童礼服及盛装、舞台装等。

具有立体感的面料可根据布料表面的凹凸、起隆、毛向等形状变化，尽可能保持其布料的固有风格，在制作和熨烫过程中，对缝份、折边、贴边等部位要格外小心，以防破坏面料的特色和立体感。

五、弹性型面料

弹性面料主要是指针织面料，还包括由尼龙、莱卡等纤维织成的织物，或者由棉、麻、丝、毛等纤维与尼龙、氨纶混纺的织物。粗针织面料蓬松，具有体积感，适合夸张、宽松的造型，表现粗犷洒脱的童装风格；细针织面料细腻柔软，款式简洁贴体时，风格细腻柔和；款式比较宽松时，风格飘逸优雅。加了氨纶或尼龙的面料则特别适合制作贴体服装，适合人体运动，特别适合儿童运动装、舞蹈服等。弹性面料是童装最常用的面料，几乎适合童装所有的品类。

六、厚重硬挺型面料

厚重形面料质地厚实挺括，有一定的体积感和扩张感，给人以稳重成熟的感受。这类面料包括粗花呢、大衣呢、马裤呢、海军呢、麦尔登呢等厚形呢绒以及绗缝织物。由于比较厚重，厚重形面料多用于儿童秋冬季服装，如儿童大衣、外套、棉袄、派克服等。厚重形面料一般不适合多层次叠缝，否则会在工艺上有一定的难度且容易使服装产生一种臃肿感。因此，款式倾向于简洁，不宜使用过多的剪辑线和褶裥，更不宜抽褶。服装造型和轮廓也以宽松形居多，如 H 形、A 形、O 形。硬挺形面料造型线条清晰，廓形饱满，追求一种庄重稳定的立体效果。

七、轻薄柔软型面料

轻薄柔软形面料主要包括织物结构疏散的针织面料和丝绸面料以及软薄的麻纱面料、棉织物和化纤织物等，如乔其纱、柔姿纱、雪纺纱以及尼龙、透明塑料材料、真丝等。棉质轻薄形面料特别适合制作贴身穿的童装，进行造型设计时可根据不同的手感选择与服装风格相应的面料。轻薄型面料一般比较轻薄，悬垂性较好，服装线条可随人体运动而自由流畅，多采用宽松形、圆台形和有褶裥的造型，如丝绸面料、疏松的针织面料等制作的宽松式儿童衬衫、皱褶形的连衣裙、蝙蝠衫等。轻薄形面料柔软、浪漫，用作儿童外套时适合带有优雅柔美风格特点的童装。某些透明纱、硬纱等则特别适合前卫风格和都市风格的童装。

第四节 童装面料的发展趋势

随着人们生活水平的提高和个性审美的要求，人们对童装质料的讲究程度也越来越高。相同款式的童装由于面料的不同可能其价格和受欢迎的程度会大不相同。在服装材料发展到一定程度的今天，追求童装面料高质量的潮流越来越高涨。每年的国际国内纺织品展览会上各种服装材料琳琅满目、品种齐全、花样繁多，与人们的生活相适应，童装材料的发展倾向大体可概括为以下几种。

一、自然舒适

现代人的生活方式越来越倾向于自然，接近自然、回归自然已经成为一种潮流，绿色食品、自然家居，甚至连休闲娱乐也越来越自然化。为了给儿童创造更加健康、舒适、个性独特的装扮，童装设计在面料上下了很大功夫。天然纤维的使用已经成为童装面料的最新倾向，同时，改进非天然纤维的服用性能使之更加接近天然纤维也成为童装面料研究的最新课题，包括改进织物的弹性、手感、吸湿，也包括改进其柔软性、悬垂性等。面料舒适度明显提高，童装厂家除了注重吸汗、透气性，选用棉质、亚麻等天然面料外，还对一些普通面料进行了特殊处理，如对纯棉进行弹性、压泡、丝光、牛仔砂洗处理，改善织造工艺，使质地变得细柔软滑，透气性更佳。设计师面料设计参与度提高，在面料采购时，加入了自己的设计，一些知名童装品牌各自风格日渐形成，这类厂家往往采用定织、定染等方式采购面料。

二、功能性好

随着人们生活品质的提高和对自身保健意识的加强，对童装面料的功能化要求越来越高。抗菌、抗静电、阻燃、防污等功能性织物在童装业正在兴起，必然形成潮流。功能性是主导，这一面料的发展方向在童装成品中得到了体现，而加入功能性纤维是使织物具有功能性的有效途径。无论是弹性纤维、吸湿排汗纤维、金属丝还是其他名目繁多的功能性纤维的加入，都让面料产品向功能性靠拢。具有保健功能的面料在年龄稍大的童装中也将被采用。仅国内市场，这两年兴起的大麻、罗布麻、真丝、牛奶丝内衣面料，远红外线保暖内衣面料，导湿纤维运动衣面料、抗紫外线夏装面料等，越来越受到童装产业人士的关注。随着高科技产业的进一步发展，功能化童装面料的种类将会越来越多。

三、绿色环保

在全球呼唤环保的呼吁下，童装面料从纤维到成品，全过程也注重环保化生产。环保种植、环保开采、提炼、纺纱、织造以及染整，环保面料的生产使用逐渐成为童装面料的一种重要发展倾向。童装消费在强调舒适的同时，更加注重“绿色理念”：一是从童装市场上可以见到，对干爽舒适服装制品的追求呈现出上升的趋势，二是在购买童装时更加注重它的环境行为，即青睐于绿色产品。于是干爽舒适的纺织品与绿色纺织品的融合成为当今童装面料的时尚。童装面料较成人服装面料的安全性要求更高，要求纤维、面料生产过程无污染，穿着时对人体无害，因此彩色棉及经植物染料和无甲醛整理的面料必然流行。一些品牌企业很早就将天然彩棉面料运用于儿童产品中，为确保选用面料的环保性，一些公司不惜提高成本预算，避免使用有害染料，杜绝有害物质残留。科技含量提高，智慧型布料如弹性、防水、抗菌、防臭等功能和对面料进行全捻、抗菌、防静电、防紫外线、双丝双烧、抗电磁波功能等特殊处理的采用，使童装在面料科技运用上超过成人装。

四、轻薄干爽

对休闲生活的向往和追求使人们越来越喜欢轻松自在的服装，于是对轻薄干爽的材料情有独钟。童装的面料运用更需要顺应这个趋势。纺织服装业的发展使得面料的轻薄化成为可能。如以前的冬装多使用厚重的呢料或夹棉，笨重臃肿，现在各种各样保暖而且轻薄的山羊绒、羊驼毛、马海毛、兔毛面料也逐渐成为儿童冬装用料的最佳选择，以前多使用棉、毛等作为冬装的填充物，现在羽绒则成了最受欢迎的替代品。布面光洁、凉爽透气的薄型面料透气性很好，天然纤维的高支棉织物、化纤的超细纤维织物，轻盈、飘逸，这些面料成衣后穿着会很舒适。服装面料的干爽舒适性是指纺织物不粘搭、不滞湿、不平滑、具有舒适的干触手感，是服装面料近年来的一种流行特性，由于儿童新陈代谢快，容易出汗，加之儿童好动，尤其是夏季人体不停地放出汗汽，这就需要童装面料具有较好的吸湿能力，从而消除由于人体与服装之间的空气层过分潮湿而带来的不舒适感。

五、艺术多样

现代人的生活观念和审美情调已经越来越追求精致化和艺术化。在服装面料中出现许多与以前大不相同的、新奇罕见的品种和花样，采用压印加工、植绒加工或烂花加工法使服装面料有一种类似浮雕般的凹凸感；使用丝网印或手绘方法使面料具有一种绘画效果；或者使用某种特殊的机器使面料具有蓬松感或立体感等等，面料本身产生的变化已经成为许多服装最具吸引力的独到之处。服装个性化时代的到来也进一步推动了服装材料的多样化。同时由于纺织业的竞争，使得技术开发部门也对各种材料的差异性进行广泛的研究，各种各样看上去相似却有着千丝万缕细微差别的服装材料纷纷面世，满足着不同阶层消费者的不同需求。童装面料自然也会顺应这种发展趋势。

六、多种天然纤维混纺

几种天然原料的混纺织物几年来也成为童装面料的一个发展趋势。将两种或几种天然纤维混纺不仅保证了织物的天然性、环保性，还使几种纤维之间优势互补，织物具有更全面的性能。例如亚麻、桑蚕丝两种天然纤维的混纺织物具有丝的光泽、麻的骨感；将棉、天丝、毛混纺，面料具有丝滑手感，回弹性好，环保舒适；羊毛、棉、麻的面料采用纤维差异化染色，粗细异支合股纺纱技术，透气性好，适用于儿童休闲类服装的制作。羊毛与天然纤维的混纺已经成为近几年的发展方向，在原料中注入功能性，与时尚运动接轨，都成为羊毛混纺面料的发展趋势。

七、化纤与天然纤维混纺

虽然化纤面料在年龄稍大的童装中占据了很大比例，但是由于化学纤维与皮肤之间的触感不好、穿在身上感觉不舒适、透气性较差等缺点，很大程度上限制了化纤面料在童装中的应用范

围。近年来，化纤与天然纤维混纺的面料越来越受欢迎，天然纤维的加入让化纤织物迎合了环保、自然的流行趋势，同时兼具化学纤维和天然纤维的优点，无论是在档次还是在性能上都有了很大的提升。例如，氨纶织物本来不适合贴身穿着，但是棉、氨纶混纺的针织面料手感柔软，弹性好，适合贴身穿着；天丝与麻混纺的面料经过生物酶处理，手感柔爽，具有双面竹节效果，并且具有吸湿透气、抗菌的功能。

本章小结

童装面料是童装设计中非常重要的内容，尤其是在年龄偏小的儿童中，面料的选用比任何设计都显得重要，面料的服用功能性是童装面料最受设计师和消费者关注的内容。本章主要讲了童装面料的识别、常用童装面料的种类特征和服用性能、造型性能与应用以及童装面料发展趋势，其中各种常用童装面料的特性、辨别与服用性能是重点，也是童装设计师要熟练掌握的知识，面料的学习必须要有面料实物的配合，通过看、摸、听、闻等方法熟悉市场上常见、童装企业常用的童装面料，所以，童装设计师应该在熟识童装面料理论知识的基础上尽可能地多接触面料实物，了解不同面料的商业名称，从手感、观感、色彩特征以及适合的童装品类等方面进行实战训练。只有这样，才有可能成为一个合格的童装设计师，面料知识最忌讳纸上谈兵。

思考与练习

1. 影响童装面料选用的因素有哪些？
2. 作为一名童装设计师，应该怎样在实际设计中将材料学理论角度的面料类别与商业角度划分的面料类别相结合，以辨别区分市场上的童装面料。
3. 从面料市场或者去童装企业，选取 10 种常用童装面料，分别从其成分、手感、构成组织、造型性能、服用性能以及如何辨别等方面进行描述，以简要文字表达。
4. 从面料公司或童装企业选择同一类别多种童装面料，面料面貌特征相同或基本相同，原料成分不同，尝试辨别其面料成分。
5. 去服装卖场调研不同风格、不同品类的童装，观察其成分标和服装实物。

第六章 按年龄分类的童装设计

童装具有鲜明的年龄特征,童装设计独特的制约因素表现在不同年龄段的儿童体形特征不同,不仅有横向的胖瘦之分,更有不同年龄段的身高之分,身高体形随着年龄的增长不断变化是童装设计区别于成人装设计的首要因素。而且每一个年龄段的儿童都有其独特的心理特征,不同年龄段儿童的生理条件和心理特点是童装设计的依据和制约。童装设计首先必须根据儿童年龄考虑童装的功能性和实用性。童装设计的重点是把安全性融进实用之中,以满足不同年龄段儿童对服装的要求。

第一节　儿童的年龄分段与特点

儿童时期是指从出生到17岁左右这一年龄阶段。根据生理特点和心理特性的变化，以年龄为阶段，将儿童成长期大致归纳为五个阶段：婴儿（0～1岁）、幼儿（1～3岁）、小童（4～6岁）、中童（7～12）、大童（13～17岁），由此童装可以分为婴儿装、幼儿装、小童装、中童装和大童装。按年龄分类是根据儿童年龄段来进行对服装的划分，是童装设计中最主要的分类设计。（表6-1）

一、婴儿生理和心理特点

从出生到周岁之内为婴儿期，这是儿童身体发育最显著的时期。婴儿的体征是头大身体小，身高约为4个头长，腿短且向内侧呈弧度弯曲，其头围与胸围接近，肩宽与臀围的一半接近。婴儿一般不会行走，大部分时间在床上或大人怀中度过，对事物好奇而缺少辨别能力，出生后的2～3个月内，身长可增加10 cm，体重则成倍增加。到一周岁时，身长约增加1.5倍，体重约增加三倍。在此期间，婴儿的活动机能逐渐发达，10～13个月能学会走路或自立行走。

婴儿前期基本是睡眠静态期，儿童在这一时期的特点是睡眠多、发汗多、排泄次数多、皮肤细嫩。

二、幼儿生理和心理特点

1～3岁为幼儿期。这个时期的孩子体重和身高都在迅速发展，体型特点是头部大，身高约为头长的4倍到4.5倍，脖子短而粗，四肢短胖，肚子圆滚，身体前挺。男女幼儿基本没有大的形体差别。此时孩子开始学走路、学说话，活泼可爱，好动好奇，有一定的模仿能力，能简单认识事物，对于醒目的色彩和活动极为注意，游戏是他们的主要活动。这个时期也是心理发育的启蒙时期，因此，要适当加入服装品种上的男女倾向。

三、小童生理和心理特点

4～6岁儿童正处于学龄前期，又称幼儿园期，俗称小童期。小童期体形的特点是挺腰、凸肚、肩窄、四肢短，胸、腰、臀三部位的围度尺寸差距不大。身体高度增长较快，而围度增长较慢，四岁以后身长已有5～6个头高。这个时期的孩子智力、体力发展都很快，能自如地跑跳，有一定语言表达能力，且意志力逐渐加强，个性倾向已较明显。同时这个时期的儿童已能吸收外界事物和接受教育，学唱歌、跳舞、画画、识字，男孩与女孩在性格上也显出了一些差异。

四、中童生理和心理特点

7～12岁为中童期，也称小学生阶段。此时的儿童生长速度减缓，体型变得匀称起来，凸肚现象逐渐消失，手脚增大，身高为头长的6～6.5倍，腰身显露，臂腿变长。男女体格的差异也日益明显，女孩子在这个时期开始出现胸围与腰围差，即腰围比胸围细。这个阶段是孩子运动机能和智能发展显著的时期，孩子逐渐脱离了幼稚感，有一定的想象力和判断力，但尚未形成独立的观点，生活范围从家庭、幼儿园转到学校的集体之中，学习成为生活的中心。处于小学阶段的儿童，仍非常调皮好动，不过已能一定程度地规范自己的行为，对美的敏感性增强，同时，现代有个性的儿童向往独立，梦想长大的心态促使他们需要建立“个人风格”，喜欢“酷”的着装，对服装已有自己的看法和爱好。

五、大童生理和心理特点

13～17岁的中学生时期为大童期，又称少年期，这是少年身体和精神发育成长明显的阶段，也是少年逐渐向青春期转变的时期。这个时期的体型变化很快，身头比例大约为7:1，性别特征明显，差距拉大。女孩子胸部开始丰满起来，臀部的脂肪也开始增多，骨盆增宽，腰部相对显细，腿部显得有弹性。男孩的肩部变平变宽、臀部相对显窄，手脚变长变大，身高、胸围、体重也明显增加。不过，他们的身材仍然比较单薄。由于生理的显著变化，心理上也很注意自身的发育，情绪易于波动，喜欢表现自我，因此，少年期是一个动荡不定的时期。

第二节 婴儿装设计

婴儿期是人一生中最需要娇嫩脆弱的时期，有许多其他年龄段儿童所不需要的特殊要求，因此，婴儿期服装有一些其他年龄段儿童所没有的服装品类，婴儿装设计设计也有其独特的要求。

一、造型

婴儿装造型设计总的要求是：造型简单，以方便舒适为主，需要适当的放松度，以便适应孩子的发育生长。新生儿穿的衣服不须讲究样式美观，而是要宽松肥大，便于穿脱。扣系采用扁平的带子，尽可能不用纽扣或其他装饰物，也不宜在衣裤上使用松紧带，以保证衣服的平整光滑，不能有太多扣袢等装饰，以免误食或划伤、硌伤皮肤。婴儿颈部很短，以无领为宜。衣服、帽子或围嘴上面的绳带不宜太长，以免婴儿翻身或伸胳膊伸腿时被缠住；裤门襟开合要得当，以便于换尿布等清洁工作，不湿尿布的发明使婴儿装设计的繁琐程度稍有改观。在裤子的围度上需要加放松量，以便放入体积较大的尿布。（图6-1）

图6-1 婴儿装大都宽松舒适、穿脱方便

婴儿装品类一般有罩衣、连身衣、组合套装、披肩、斗篷、背心、睡袋、围涎、尿不湿、帽子、围

巾、袜子等。罩衣与围涎可防止婴儿的涎液与食物弄脏衣服，具有卫生、便于清洁的作用。连脚裤穿脱方便，婴儿穿着较舒适自如。睡袋、斗篷则可以保暖、也易于调换尿布。

二、色彩

婴儿装色彩一般以白色、浅色、柔和的暖色系为主，可以适当装饰一些绣花图案，有时使用深蓝色、黑色、咖啡色等常用色，但是相对较少。白色可避免因染料过敏对婴儿皮肤的伤害，柔和的浅色、暖色则可衬得婴儿的小脸娇嫩可爱。婴儿的视觉发育尚不完善，一般不宜使用大红色等视觉刺激较强的色彩，而是以各种淡雅的色彩为主或者使用小碎花和小图案配色。（彩图6-1）

三、面料

由于婴儿皮肤娇嫩，婴儿装面料应选择柔软宽松且具有良好伸缩性、吸湿性、透气性和保暖性的精纺天然纤维，以全棉织品为最佳，如纯棉布、绒布等柔软的棉织物等，棉布轻松保暖，柔和贴身、吸湿性、透气性非常好，绒布手感柔软、保暖性强、无刺激性。另外，婴儿装也可以选用细布或纱府绸，其布面细密、柔软。婴儿装不能用硬质辅料，以免损伤婴儿皮肤。（图6-2）

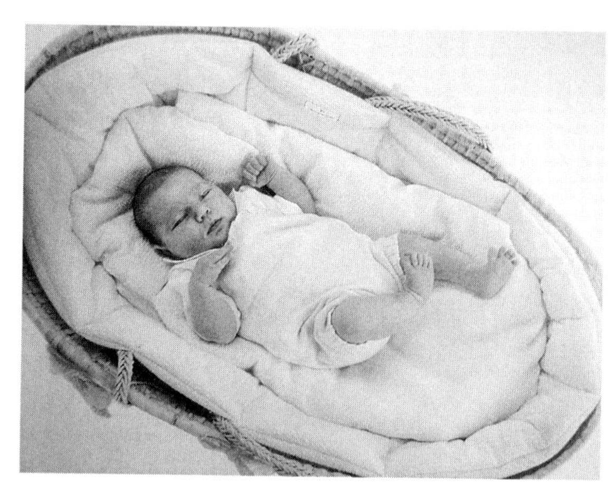

图6-2　婴儿装多使用柔软的棉织物

四、结构与工艺

婴儿睡眠时间长且不会自行翻身，因此衣服的结构应尽可能减少辑缝线，不宜设计有腰节线和育克的服装，不致损伤皮肤。婴儿没有自理能力，婴儿装设计的另一要点是强调结构的合理性和安全性。结构应简洁舒适而方便，既注意造型的适体性，同时也要注意扣系结构的合理运用。婴儿服开合的合理性在设计时是十分重要的，婴儿基本上都为仰卧姿势，所以开合门襟应在前胸、肩部或侧边，以方便大人为孩子穿衣脱衣。婴儿装多使用交叉领和扁平带子设计，衣服只需缝一道侧缝线，十分柔软适体。（图6-3）

图6-3　婴儿装强调结构、工艺的合理安全性

五、图案

婴儿装上的图案比较简单,尽量选择温和、可爱的图案,色彩相对柔和淡雅,但出于安全性考虑,工艺要求比较高。婴儿的体形特征十分可爱,用小动物、小玩具、植物花卉图案来装饰婴儿服,可显得十分天真和有趣味。图案可装饰在口袋、领、前胸等部位,也可用在整件衣服上。婴儿装常采用刺绣、贴布绣等方法进行装饰,如简单的彩绣、打揽绣、褶绣、贴绣等。(图6-4)

图6-4 婴儿装图案大都柔和可爱

第三节 幼儿装设计

幼儿活泼好动,对服装造型的便于活动性、结构工艺的坚牢性以及面料的耐磨性等都有一定的要求,幼儿还有强烈的好奇心,对服装的色彩、图案形象、装饰等开始有了自己的喜好,这些都是童装设计师需要深入了解的内容。

一、造型

幼儿装造型总的要求是:幼儿装设计应着重于形体造型,造型宽松活泼,轮廓呈方型、长方形、A字形为宜。幼儿女装外轮廓多用A型,如连衣裙、小外套、小罩衫等,在肩部或前胸设计育克、褶、细褶裥、打揽绣等,使衣服从胸部向下展开,自然地覆盖住突出的腹部;同时,裙短至大腿,利用视错觉可造成下肢增长的感觉。幼儿男装外轮廓多用H型或O型,如T恤衫、灯笼裤等。幼儿服的另一种常用造型是连衣裙、裤,吊带裙、裤或背心裙、裤。这样的造型结构形式有

利于幼儿的活动，他们玩耍时做任何动作，裤、裙也不会滑落下来。但是连衣裤的整体装束常常需要家长配合，免得宝宝不会或来不及解裤，尿在裤里。由于幼儿对体温的调节不够敏感，常需成人帮助及时添加或脱去衣服，因此，这类连衣裤、裙的上装或背心的设计十分重要，既要求穿脱方便，也要求美观有趣。而且，幼儿对自己行为的控制能力较差，幼儿装设计时要考虑安全和卫生功能。比如，低龄幼儿走路都不太稳，但却最喜欢挣脱大人的手摇摇晃晃地跑，因此，幼儿的裤脚不宜太大，鞋子也少使用带子，以免绊倒；再者，幼儿对服装上任何醒目的东西都会感兴趣，因此服装上的小部件或装饰要牢固，造型、材料也要少使用金属、硬塑料等，以免幼儿扯下塞进嘴里造成伤害。幼儿对口袋有特别的喜爱，把一切宝贝东西藏入口袋是幼儿的天性。口袋的设计以贴袋为佳，袋口应较牢固并不易撕裂。口袋形状可以设计为花、叶、动物形，也可装饰成花篮、杯子、文字形等，这样既实用又富有趣味性。（图6-5）

图6-5 幼儿装造型大都宽松活泼

幼儿装品类一般有罩衫、两用衫、裙套装或裤套装、背带裤、背心裙、派克服、羽绒服、衬衫、毛衣、绒线帽、运动鞋、皮鞋、学步鞋等。

二、色彩

幼儿装色彩通常比较亮丽以表现幼儿的天真活泼，比如，经常使用活泼而鲜亮的对比色、纯净的三原色，或在服装上加上各种彩色图案，幼儿装也会使用一些粉色系。此外，拼色、间隔或使用碎花、条格面料都能产生很好的色彩效果。（彩图6-2）

三、面料

幼儿好动，因此幼儿装穿在身上应比较舒适和便于活动。幼儿装面料要耐磨耐穿、耐脏易洗。夏天可选用吸湿性强、透气性好地棉麻纱布，尤其是各类高支纱针织面料，更柔软、吸湿，如全棉织品中的细布、纱府绸、泡泡沙涤棉细布、涤棉巴厘纱等。秋冬宜采用保暖性好的针织面料，全棉或棉混纺皆可，比如可采用全棉的针织布或灯芯线，也可选用柔软易洗的棉与化纤混纺面料，比如女绒呢、平绒、什色卡、中长花呢等。而且这个年龄段的儿童通常有随地坐、到处蹭的习惯，所以膝盖、肘部等关键部位经常选用涤卡、斜纹布、灯心绒等面料进行拼接。（图6-6）

图6-6 幼儿装面料要耐磨耐穿、柔软透气

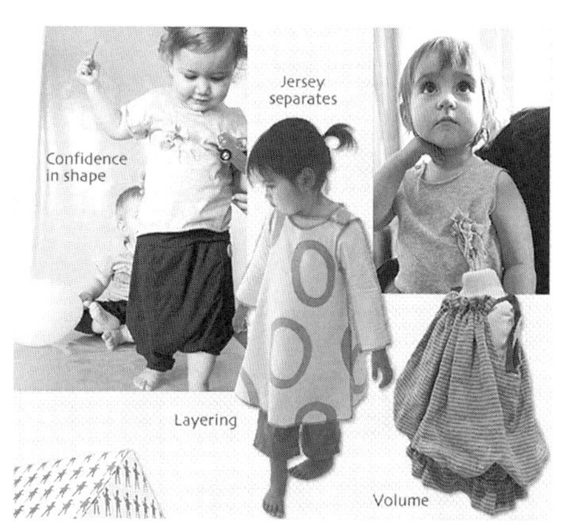

图6-7 幼儿装结构工艺要安全实用

四、结构与工艺

幼儿装的结构应考虑其实用功能。为使幼儿自己穿脱衣服，门襟开合的位置与尺寸需合理，多数设计在正前方位置，并使用全开合的扣系方法。幼儿颈短，不宜在领口上设计繁琐的领形和复杂的花边，领子应平坦而柔软。春、秋、冬季使用小圆领、方领、圆盘领等闭合领，夏季可用敞开的V字领和大小圆领等，有硬领座的立领不宜使用。幼儿肚子圆滚，所以腰部很少使用腰线，基本没有省道处理。幼儿好动，服装制作时缝线要牢固，以免活动时服装开裂。（图6-7）

五、图案

幼儿装是童装中最能体现装饰趣味的服装。幼儿装上的装饰图案十分丰富，有人物、动物、花草、景物、玩具、文字等等。所有儿童喜欢的动画片里的卡通形象都可以作为装饰图案用于幼儿装，比如孙悟空、圣诞老人、米老鼠、唐老鸭等儿童喜闻乐见的动画人物，这些图案特别容易让儿童瞬间喜欢上某一件服装。甚至有些幼儿在节日或舞台上穿着的盛装经常还会从造型上直接做成某一种令儿童喜欢的动物或人物的形象。（图6-8）

图6-8 幼儿装图案较多使用各种卡通形象

第四节 小童装设计

小童装设计整体要求与幼儿很相似，只是性别差异更明显，随着对事物的认知越来越多以及自我个性的发展，对服装上视觉性设计元素的喜好也有了更明显的喜好。

一、造型

小童装造型与幼儿装造型比较相似，造型也比较宽松活泼，常使用H型、A型或O型，小童女装如连衣裙、外套等有时也使用X型。连衣裙、裤，吊带裙、裤或背心裙、裤也是小童装的常用造型。这个年龄的儿童可以使用多种装饰手法，既可以有婴幼儿的活泼随意的装饰，但因其有了一定的自理能力，在结构处理和装饰处理上又可以多讲究一点装饰性。由于这时期男孩与女孩在性格上出现一些差异，因此男女童服装的设计开始出现较明显的差别。从造型轮廓上看，男童经常使用直线型轮廓以显示小男子汉的气概，而女孩则多使用曲线型或X型显示女孩的文静娇柔；从细节上看，女童装的零部件设计和装饰设计或优雅或花哨，而男童装则相对简洁。(图6-9)

小童装品种有女童的连衣裙、背带裙、短裙、短裤、衬衣、外套、大衣，男童的圆领运动衫、衬衣、茄克衫、外套、长西裤装、短西裤装、背心、大衣等。这类服装既可作为幼儿园校服用，也可以作家庭日常生活装用。

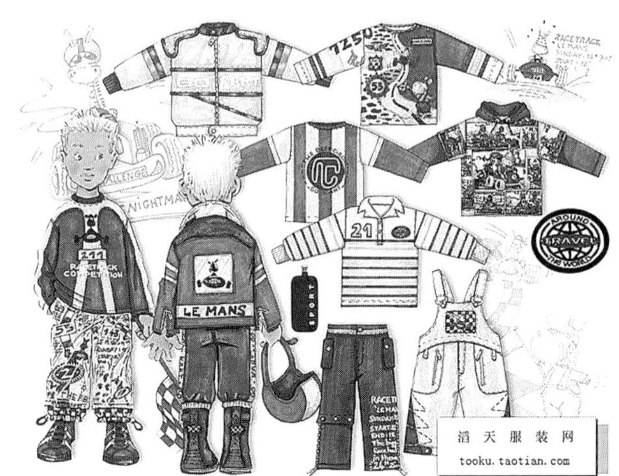

图6-9 小童装造型

二、色彩

小童期儿童的服装色彩与幼儿相似,多使用一些明度较高的鲜艳色彩,而含灰度高的中性色调则使用相对少一些。

三、面料

小童装面料以纯棉起绒针织布、纯棉布、灯芯绒布及混纺涤棉布居多。一般夏日可用泡泡纱、纯棉细布、条格布、色织布、麻纱布等透气性好、吸湿性强的布料,使孩子穿着凉爽。秋冬季宜用保暖性好、耐洗耐穿的灯心绒、纱卡斜纹布等。还可运用面料的几何图案进行变化,如用条格布作间隔拼接。如果用细条灯芯绒与皮革等不同质地的面料镶拼,也能产生十分有趣味的设计效果。(图6-10)

图6-10 小童装多采用棉质面料或棉混纺面料

四、结构与工艺

小童已进入幼儿园过集体生活,已懂得自己根据需要穿脱衣服,因此,幼童装在结构设计时要考虑孩子自己穿脱方便,上下装分开的形式比较多。服装的开口或系合物应设计在正面或侧面比较容易看得到摸得着的地方,并适量加大开口尺寸,扣系物要安全易使用。小童期儿童活动量大,服装从结构上讲都需要有适当的放松量,但是下摆、袖口、裤脚口不宜过于肥大,且袖管、裙长、裤长也不宜太长,防止孩子走动时被绊倒或勾住其他东西。小童的服装在腰腹部可适当做收入处理。小童的西服上衣在前身呈上小下大的结构,利用分割线在胸围线处收入在腰围线以下放开,前身不设腰省。(图6-11)

五、图案

为适应小童期儿童的心理,在服装上经常使用一些趣味性、知识性的图案,装饰图案十分丰富,有人物、动物、花草、景物、玩具、文字等等。取材经常带有神话和童话色彩,以动画形式表现,具有浪漫天真的童趣性。而五六岁的孩子求知欲强,好问,对动画片特别感兴趣,则可以在服装上使用在儿童中正流行的卡通片、动画片里的人物和动物做图案装饰。(图6-12)

图6-11 小童装多采用上下装分开式，易于穿脱，结构安全

图6-12 小童装图案也多取材于动画片形象

第五节 中童装设计

中童已进入小学，因此中童服的设计既要考虑到日常生活的需要，还应考虑到学校集体生活的需要，能适应课堂和课外活动的特点。

一、造型

中童装总的造型以宽松为主，可以考虑体型因素而收省道。款式设计不宜过于繁琐、华丽，以免影响上课注意力，设计既要适应时代需要，但也不宜过于赶潮流。设计男女童装时不能拿儿童体型的共性去考虑，而是有所区别。女童服装可采用 X 型、H 型、A 型等外轮廓造型，连衣裙分割线也更加接近人体自然部位；男童装外形可以 O 型、H 型为主。此阶段儿童的服装款式相对简洁大方，便于活动，针织 T 恤衫、背心裙、茄克、运动衫、组合搭配套装都极为适宜。同时，学生服或校服也是该阶段儿童在校的主要服装。（图 6-13）

二、色彩

中童装的色彩不宜过分鲜艳，可以强调对比关系，但对比不宜太强烈，以保证他们思想集中读好书。虽可采用图案装饰，但是图案的内容与婴幼儿有所不同，不宜用大型醒目的图案，一般只用一些小型花草图案。（彩图6-3）

图6-13 中童装性别差异非常明显的，造型以宽松为主，款式相对简洁

图6-14 中童装的面料选择范围非常广，天然纤维和化学纤维织物均可使用

三、面料

中童装的面料适用范围较广，天然纤维和化学纤维织物均可使用。内衣及连衣裙可选用棉纺织物，因为此类面料吸湿性强，透气性好、垂性大，对皮肤具有良好的保护作用；而外衣则可选用水洗布、棉布、麻纱等面料，要求质轻、结实、耐洗、不褪色、缩水性小。各类混纺织物也可使用，这类混纺织物，质地高雅、美观大方，易洗涤，易干燥，弹性较好，比如色织涤棉细布、中长花呢、灯芯绒、劳动布、坚固呢、涤纶哔叽等都适宜制作中童装。天然纤维与化学纤维两者组合搭配，还可以产生肌理对比、软硬对比、厚薄对比等不同对比效果。（图6-14）

四、结构与工艺

中童时期的男女童装不仅在品种上有区别，在规格尺寸上也开始分道扬镳，局部造型也显出男女差别。女童开始出现胸腰差，考虑到体型因素可以收省道。此外，由于儿童的活动量较大，因此款式结构的坚牢度是设计应考虑的要素之一。

中童装一般采用组合形式的服装，以上衣、罩衫、背心、裙子、长裤等搭配组合为宜。（图6-15）

图 6-15　中童装多采用组合式，讲究结构的坚牢度

图 6-16　中童装图案一般不易繁琐

五、图案

年龄处于中童期的儿童以学习生活为主，在图案装饰上不宜过于繁琐和过分追求华贵，而要突出合体、干净、利落的精神，从而培养孩子们的集体观念和纪律观念。常采用一些标识图案如字母、小花、小动物等装饰点缀，或采用一些色块的拼接使用，细部的花边、刺绣、流苏、搭扣、拉链、蝴蝶结、镶边等也经常使用，且往往会起到画龙点睛的效果。（图 6-16）

第六节　大童（少年）装设计

大童装介于青年装和儿童装之间，不太有自己的特点，而且大童个性倾向明显，所以，大童装是所有年龄段童装中比较难设计的。

一、造型

大童装图案类装饰大大减少，局部造型以简洁为宜，可以适当增添不同用途的服装。大童装的款式过于天真活泼，少年儿童自身都不愿接受；而款式太过成人化，又显得少年老成，没有了少年儿童的生气和活泼。因此设计师要充分观察掌握少年儿童的生理和心理变化特征，掌握他们的衣着审美需求。要在设计中有意识地培养他们的审美观念，指导他们根据目的和场合选

择适合自己的服装。校服是大童这一时期的典型服装。

少女装在廓型上可以有梯形、长方形、X型等近似成人的轮廓造型。少女时期选择中腰X型的造型能体现娟秀的身姿，上身适体而略显腰身，下裙展开，这类款式具有利落、活泼的特点。为使穿着时行动方便，以及整体效果显得端庄，袖子结构比较合体，可使用平装袖、落肩袖、插肩袖等。袖的造型多数用泡泡袖、衬衫袖、荷叶袖等。男学童在心理上希望具有男子气概，日常运动和游戏的范围也越来越广泛，如踢足球、骑自行车等。因此，男学童的服装通常由T恤衫加衬衫、西式长裤、短裤或牛仔裤组合而成，或者牛仔裤与针织衫配穿、牛仔裤与印花衬衫配穿，感觉比较时尚，此外，运动上装配宽松长裤也很受青睐。春秋可加夹克衫、毛线背心、毛衣或灯芯绒外套等，冬季则改为棉夹克。衬衫和裤装均采用前门襟开合，与成人衣裤相同。外套以插肩袖、落肩袖、装袖为主，袖窿较宽松自如，以利于日常运动。服装款式应大方简洁，不宜加上过多的装饰。(图6-17)

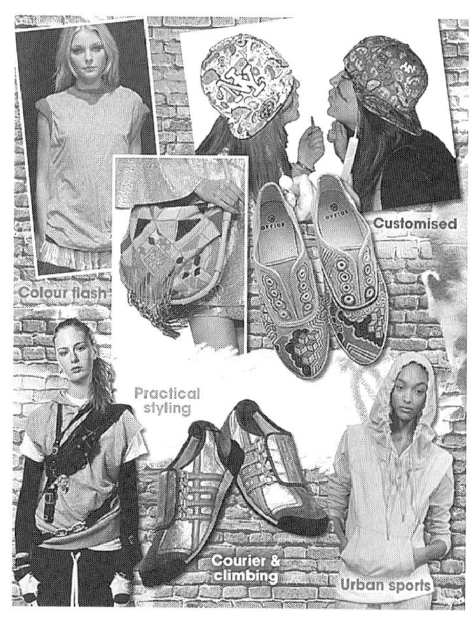

图6-17　大童装的造型接近成年人，已经比较成熟

二、色彩

大童装的色彩不再那么艳丽，多参考青年人的服装色彩，以常用色调为宜，相对比较中性的常用色彩如黑色、蓝色、白色、咖啡色、香草棕色等色彩在男女大童装中都经常使用。除了T恤衫、夹克等一些服装的色彩相对比较中性以外，男女大童的服装色彩性别差异也比较明显，女大童装经常采用一些柔和的粉色调，比如浅粉色、粉紫色、嫩黄色等，还经常选用一些同样比较女性化的花色面料。(彩图6-4)

三、面料

大童装可选用的材料很多，服装的功能不同，面料的性质随之而变。居家服以天然纤维面料为主，如丝、棉等。外出服或校服的面料更多采用化纤织物，此外，牛仔面料也是这一时期童装的主要面料。为了适应人体增长迅速的特点，大童装的造价不宜太高。(图6-18)

图6-18　大童装可使用任何面料

四、结构与工艺

大童的体型已经接近成年人，服装结构也接近成年人服装。大童已经有较强的个性，要求服装款式新颖，能很好地表现少男少女朝气蓬勃的气质，鉴于大童活动量大的特点，这个时期的服装工艺上还是讲究牢固、实用，大童装的结构设计放松量相对较大，臀部、膝盖、肩部经常使用一些比较宽松的设计，还经常使用各种分割和拼接，在经常磨到的部位如膝盖、胳膊肘等部位经常使用一些耐磨、加固工艺设计，比如使用绗缝工艺、双层设计等，大童装的各种纯装饰性工艺已经较少。(图 6-19)

图 6-19 大童装结构与成年装类似

图 6-20 大童装的图案设计可借鉴成年装

五、图案

大童心理相对已经比较成熟，学生服则经常用学校的校名徽志等具有标志性的图案进行装饰，图案精巧、简洁，位置多安排在前胸袋、领角、袖克夫等明显的部位。日常服装图案则基本可以借鉴成年人服装图案的设计。装饰的手法多数采用机绣、电脑绣、贴绣等，带有较强的现代装饰情趣。(图 6-20)

本章小结

儿童生长速度快，而且不同年龄儿童具有明显不同的体形特征和心理特征，这一切都决定了童装设计有很明显的年龄特征。本章从造型、色彩、面料、结构工艺、图案五个方面分别讲了五个年龄段童装设计，每一个年龄段都有其特别之处，了解年龄对不同服装设计元素的影响是童装设计学习的重要内容，只有这样，才能设计出符合儿童年龄特征、受各阶段儿童喜爱的服装。本章每一部分内容都很重要，都需要进行设计练习。

思考与练习

1. 不同年龄段的儿童有哪些心理特征和生理特征？对童装设计有何影响？
2. 分别为五个年龄段的儿童各设计 2 款服装，春夏或秋冬各一款，性别不限，色彩表现，平面款式图或着装效果图表现。

第七章 童装设计的风格

风格是指艺术作品的创作者对艺术的独特见解和与之相适应的独特手法所表现出来的作品的面貌特征,风格必须借助于某种形式的载体才能体现出来。服装设计风格是指服装整体外观与精神内涵相结合的总体表现,是服装所传达的内涵和感觉。服装风格能传达出服装的总体特征,给人以视觉上的冲击和精神上的作用,这种强烈的感染力是服装的灵魂所在。童装设计风格是设计者综合所有设计元素或流行元素,以独到见解和表现手法设计的单件产品或一系列作品的面貌特征。童装作品中,风格是被表现的审美内涵,款式是具体的表现形态,追求风格就是追求一种独特的外观形式以及由这种外观形式所表现出的内涵和魅力,是一种意境的表现。一个企业、一个品牌必须通过营造富有个性的品牌形象和独特的产品风格而具有市场竞争力。而消费者则是通过喜欢的品牌风格和个性形象来选择服装,以实现自我喜欢和欣赏的装扮与格调。喜欢某一品牌就是欣赏它所代表的一种风格和穿衣品味。

第一节　童装设计风格的表现要素

风格必须借助于某种形式或载体才能体现出来。童装风格是以设计的主题和童装造型形式中的设计要素来传达的：比如廓形、细节、色调、面料质地、服饰品、发型等，它们是综合表现服装风格的主要因素。设计师就是利用这些要素，并将其很好地融合到一件或多件服装中，去创造服饰风格的整体印象。

一、款式

款式主要包括廓形和细节两个方面，童装廓形和细节都对服装风格有着独特的重要影响，不同风格的童装对廓形和细节有不同的要求。

（一）廓形

廓形是指童装的外轮廓和外形线。廓形是流行变化的重要标志之一，也是系列童装造型风格中重要的视觉要素，廓形是区别和描述服装的重要特征，服装造型风格的总体印象是由服装的外轮廓决定的。比如娇柔风格童装廓形多为X形和A形，而O形和H形则相对较少；而在运动风格的童装中最常用的廓形却恰恰是自然宽松、便于活动的H形、O形等；而随意的廓形则较多用于休闲风格或前卫风格的童装，以体现儿童刚强豪爽的一面。童装廓形造型的背后隐含着风格倾向。

（二）细节

在童装风格表现中，细节设计也是非常具有表现力的一个方面。不同的风格会有不同的细节表现。比如前卫风格中多会出现不对称结构，领子比普通领形造型夸张且经常左右不对称，衣片和门襟也经常采用不对称结构，尺寸变化较大，分割线随意无限制，袖山夸张，如膨起、露肩等；娇柔风格的童装经常会使用纤柔细腻的装饰线或分割线，以体现女童公主般柔美华贵的感觉，男童风格领形多为常规领形，使用常规分割线，袖形以直筒装袖居多，门襟纽扣对称，可有少量的绣花或局部印花等。童装设计中所有细节设计都是强化某种风格的设计元素。

二、色彩

在设计要素中，色彩能最先吸引人的注意力，当我们在商店或其他一些场合接触某一童装产品的瞬间，色彩总是最先进入我们的视线，传递出时尚的或是经典的、优雅的或是休闲的等信息，在童装发布会上或是童装设计比赛中，色彩组合表达出来的色调远远看来更是吸引观众和评委的视觉要素，能够吸引人们进一步仔细观看，并留下深刻的印象。不同的色彩带给人们不同的感受，具有不同的风格表现力。比如田园风格的童装以自然界中花草树木等的自然本色为主，如白色、本白、绿色、栗色、咖啡色等；时尚风格的童装则较多使用黑白灰色调、现代建筑色调等单纯明朗、具有流行特征的色调；而运动风格的童装则十分偏爱非常醒目的色彩，经常选用天蓝色、粉绿色、浅紫色、亮黄色以及白色等鲜艳色。风格化的配色设计，可以非常明确地传达出儿童服饰风格的色调意境。

三、面料

面料对于童装风格的影响也是比较明显的。不同的面料具有不同的质感和肌理以及服用性能，人的感官能够感觉到的方面表现在织物的手感、视觉感和穿着于身的触感等，这些不同的表现决定了面料的使用方式和设计风格，对不同风格的服装有不同的塑型性和表现力。比如，奇特新颖、时髦刺激的面料如各种真皮、仿皮、牛仔、上光涂层面料等多用于前卫风格的童装；轻薄而透明的纱质面料适用于娇柔风格的公主裙；织锦缎、丝绸等面料则适用于民族风格的童装，比如中国传统节日穿着的中式童装，则基本使用这类面料，而且面料上经常会有团花图案、传统纹样等；而厚重的麻织物或绒毛面料则特别适合表现线条清晰、廓形丰满、庄重稳定风格的服装。

四、服饰品

廓形、色彩、面料作为最主要的设计元素可以表现服装形象的基本风格，但是作为搭配元素的服饰品选择得当与否往往会增强或完全改变一套服饰的整体形象或者一系列服装的服饰效果，不同风格的服装需要风格与之相适应的服饰品来搭配。比如粉红色的娇柔风格公主套裙，如果要搭配帽子可能需要搭配一顶同一色系、优雅大方的小礼帽，鞋子则可能需要搭配一双小皮鞋，如果戴太阳帽、穿运动鞋那就显得非常不协调了；再比如休闲风格的牛仔套装则可能需要搭配一顶休闲帽，如太阳帽、鸭舌帽等，鞋子则可能会选择一双半高筒靴或一双厚底休闲皮鞋。不同的服饰品有其相对固定的搭配范围，如棒球帽、旅游鞋、运动鞋、太阳镜、休闲包等服饰品给人运动休闲的印象，是运动风格童装常用的服饰品；贝雷帽、长筒靴、宽腰带则会让人觉得时尚休闲，是时尚风格服装的常用服饰品；礼帽、皮鞋等服饰品则经常用于古典风格童装；书包、红领巾则是学府风格童装的专属服饰品。选择合适的服饰品不仅能够烘托童装的风采，而且也能增添儿童本身的魅力。

五、发型

发型是儿童整体形象设计的一部分，发型与服装巧妙地搭配能更好地体现服装风格。比如朝气蓬勃的马尾辫和天真烂漫的翘翘辫比较适合与运动风格和休闲风格的童装搭配；用发带或头巾梳于耳后的洋娃娃式的烫发与娇柔风格童装搭配则会给人高贵时髦的感觉；而摩登时髦的超短发和略显凌乱的中长发则显得比较“酷”，适合与前卫风格童装搭配。发型是塑造个性美和时尚美的一个重要因素。

第二节　童装设计的主要风格

从市场上或各类流行杂志上出现的童装看，童装设计的风格有很多种，但是比较普及的童装风格比较明显的主要有以下几种。

一、休闲风格

休闲风格服装是现代儿童最喜欢穿着的最普遍的服装风格之一。休闲风格是以穿着与视觉上的轻松、随意、舒适为主的，随着生活水平的提高和文化生活的丰富多彩，儿童的社会活动日益丰富，外出旅游活动逐渐增加，反映在服装上就是以追求舒适、实用、轻便的休闲服装为主。因此，休闲风格服装为现代儿童所喜爱，其市场也越来越大。休闲风格童装线形自然，装饰运用不多，外轮廓简单，搭配随意多变，其中牢固的针脚、结构和工艺以及细节的多变化性是这类服装注重的重点。比如细节设计中经常使用拉链、按纽等，在帽边、腰、领边、下摆经常用尼龙搭扣、商标、罗纹、抽绳等，运用缉线装饰。休闲风格童装面料多为天然面料，色彩比较明朗单纯，具有流行特征。休闲装的造型、色彩受流行因素影响而多变。

休闲童装经常是由风格一致、面料相异的单件服装配套而成。比较有代表性的款式搭配有儿童印花 T 恤衫、毛衣搭配单色休闲裤、牛仔裤，单色 T 恤衫搭配印花休闲裤，嵌条 T 恤衫搭配嵌条休闲裤等，运动服装功能性的设计理念大量运用到这类服装之中。(图 7-1)

图 7-1 休闲风格童装

二、运动风格

运动已是人们作为休闲或锻炼的一种方式。现代都市生活的少年儿童更需要各种体育锻炼来强健自己的体魄。随着人们对高质量生活方式的追求，各种各样的健身运动场所和项目也越来越多，比如各类球类运动、溜冰滑雪、登山攀岩、骑车跋涉以及跆拳道、武术等，这些运动可以锻炼儿童的心智、激发儿童的情趣，便于活动的运动风格便装受到儿童的青睐。这类童装的最大特点是活泼、健康、机能性强，注重运动与休闲相结合，借鉴运动装设计元素，充满活力、穿着面较广，廓形以直身为主，比较宽松，面料大多使用棉、针织或棉与针织的组合搭配等可以突出机能性的天然纤维面料。色彩大多比较鲜明而响亮，白色以及各种不同明度的红色、黄色、蓝色等在运动风格的童装中经常出现，有时也使用自然色彩。分割线多使用直线与斜线，会较多运用块面分割与条状分割。袖子在袖山部位比较宽松，如使用插肩袖或落肩袖等，袖口较小或收紧。门襟一般对称且经常使用拉链，口袋以暗袋或插袋为主，在运动风格的服装中还经常见到色彩对比鲜明的嵌条的使用，商标大都在服装表面比较醒目的位置。

把运动和游玩的感觉引入童装的设计理念，使运动风格服装兼具运动服装的功能性和日常服装的实用方便性，表达出一种和谐、轻便、自由的着装形式，再加上极富活动性的特点和对比的配色，成为儿童十分喜欢的服装样式。（图 7-2）

图 7-2　运动风格童装

三、学府风格

学府风格是指富有知识型、有教养感觉的着装。这种着装给人一种简洁干练、干净斯文的着装印象，既有庄重矜持的绅士派头，又有追求个性甚至我行我素的服饰表现。色彩一般以中性、低饱和度、深色的颜色为主，重视事物的品质、技术等方面的因素，典型的样式是学生正规的套装校服样式。流行的观念将休闲、轻便的感觉渗透到这一严肃的服装风格中，形成造型简练、线条流畅和有一定力度的、直线型的服装外观。男童装款式多为小西装、小西裤、背心、衬衣、小领结、夹克、牛仔感觉长裤，女童装款式多为连衣裙、背心裙、套裙、衬衣、领花、简洁的小套装配

长裤。学府风格童装款式带有成人服装的特点，强调合身的剪裁和线条的利落，融合学生装和职业装等细节设计元素，并以这种概念和感觉为设计主流，塑造出正统的、智慧的、干练的新时代学生形象。（图 7-3）

图 7-3　学府风格童装

四、前卫风格

前卫风格童装受波普艺术、抽象派艺术等影响，造型富于幻想，运用具有超前流行的设计元素，线形变化较大，分割线随意无限制，结构与装饰手法的变化丰富多样，强调对比因素，追求一种标新立异、强调个性的形象。前卫风格童装表现出一种对传统观念的叛逆和创新精神，常用

图 7-4　前卫风格童装

夸张、卡通的手法去处理形、色、质的关系。前卫风格中多会出现不对称结构与装饰，有异于常规服装的结构与变化，结构与装饰物的部位与数量也异于常规，尺寸变化较大，袖口袖身形态夸张多变，门襟也经常不对称，袋形无限制，在前卫风格的童装上经常会见到坦克袋、立体袋等体积较大的口袋，经常使用毛边、磨砂、打补丁、打铆钉等装饰手法。前卫风格的童装也经常使用奇特新颖、时髦刺激的面料。如各种真皮、仿皮、牛仔、上光涂层面料等，而且不太受色彩限制。(图7-4)

五、田园风格

田园风格童装是把设计的触角伸向广袤的大自然和悠闲自由的乡村生活方式，从中吸取灵感，用服装来表现大自然超脱恬静的无穷魅力。田园风格的童装基本不需要繁琐的装饰和人为的夸张，崇尚自然，廓形随意，线条宽松，以自然界中花草树木等的自然本色为主，如白色、本白、绿色、栗色、咖啡色、泥土色朴素的蓝色等。面料以天然纤维为主，富有肌理效果，手感较好，经常使用棉、麻或棉麻混纺面料以及乡村气息很浓的印花布、格子布等面料。田园风格的童装经常使用手工制作某些细节，感觉朴素温和，有着较强的自然意味和田园风味的印象。比如草编工艺编织帽、平底布鞋、木质串珠，淡雅的棉质碎花裙，经常会使用打结绣和贴布绣。当今流行的绿色环保设计以及从民风民俗中得到灵感而设计的乡村味很浓的童装大都属于田园风格。(图7-5)

图7-5 田园风格童装

六、男童风格

男童风格类似于成人装风格分类中的中性服装，男童风格的服装不是指只有男童可以穿着的服装，而是指穿上去比较男童化的男女儿童皆可穿的服装，是弱化性别特征、部分借鉴男童装设计元素的、有一定时尚度的服装风格。如普通T恤、一般的运动服、茄克衫、牛仔装等都属于比较中性化的服装，款式、色彩、面料完全相同时男女儿童皆可穿用。廓形以直身形、筒形居多。分割线比较规整，多为直线或斜线，曲线使用较少，领形以折角居多，一般不使用圆角。袖子以装袖、插肩袖为主，使用克夫袖、衬衣袖等收紧式袖口或直筒式袖口。门襟多对称，使用暗袋或插袋，肩部经常使用育克结构，装饰上很多运用辑明线。色彩明度较低，灰色用的较多，较少使用鲜艳的色彩。面料选择范围很广，但是几乎不使用女性味太浓的面料，如花色面料、纱绡等。男童风格从发型到着装整体给人无拘无束和带有野气感觉的男孩子打扮。比如头戴直筒绒线帽，身穿长而过分宽大的绒线衫、直身裙或卷起裤脚边的牛仔裤，军装式的牛仔装，扮酷的短发，很像一个顽皮假小子的模样。男童风格服装是适合儿童日常休闲的装束。（图7-6）

图7-6 男童风格童装

七、娇柔风格

娇柔风格童装是指非常女孩子气的女童装，是女性味十足、娇柔可爱、洋娃娃式的着装。设计上经常借鉴西方宫廷式女装的感觉进行设计，在整体廓形上都是柔和的曲线设计，非常女性化的短上衣和裙子，腰部合体或收紧，上衣的袖子经常制作成灯笼形的，领口开得较大，甚至可以拉得很低露出肩膀，经常使用荷叶边、垂褶、蕾丝、缎带、饰边、镂空花纹以及刺绣图案等工艺手法，多使用浅淡色调，如浅粉、粉紫、浅蓝、白色、淡黄等色彩，面料经常使用高支纱的细布、雪纺绸或像丝绸一样柔软的面料。发式长而松散，常使用精巧漂亮的发饰或发卡，配穿白色的短袜和皮鞋。娇柔风格的童装整体给人一种梦幻般可爱、柔美、清纯、俏丽的感觉，是女童正式场合最常见的服装样式。（图 7-7）

图 7-7　娇柔风格童装

八、民族风格

民族风格童装是汲取中西民族、民俗服饰元素的服装风格，是对我国和世界各民族服装的款式、色彩、图案、材质、装饰等作适当的调整，吸收时代的精神、理念，借用新材料以及流行色等，以加强童装时代感和装饰感的设计手法，它以民族服饰为蓝本，或以地域文化作为灵感来源，主要反映民间的民俗文化艺术倾向。民族风格的童装一般采用民族民间味道很浓的装饰图案，手工装饰较多，如手工刺绣、手织花边等，此外，流苏、缎带、珠片、盘扣、嵌条、

补子等装饰经常是强调服装民族风格而使用的装饰手法。民族风格童装色彩比较鲜艳,对比较强,经常选用充满泥土味和民族味的面料,比如丝绸、织锦缎、格子布、蓝印花布、染织布、扎染或蜡染的面料等。比如中国儿童过年经常穿着的中式童装就是典型的民族风格童装。(图 7-8)

图 7-8 民族风格童装

九、卡通风格

卡通风格童装以性格鲜明、造型独特的卡通形象来担当品牌形象,并以它的名称来命名,服装设计也围绕该形象来进行,服装品牌文化同样与卡通形象相结合。近年来,伴随着各种卡通动画片的热播和碟片的热销,卡通形象与童装市场越来越紧密的融合。儿童特别容易受动画片的影响,穿衣戴帽都喜欢用他们认同的东西,而动画片里的主角往往是他们最认同的,他们把动画人物作为自己心目中的偶像,比如蜡笔小新、天线宝宝、变形金刚等等,都深受儿童喜爱,将这些形象搬上童装,演绎出童趣的故事,会给孩子更多的童话遐想空间。这类童装深受儿童喜爱,其设计与其他风格在形态上没有什么大的区别,主要区别在于设计中不同卡通形象的使用,设计以某一卡通形象为中心,其性格、造型成为服装内涵的基础,而且往往会与穿着此服装的儿童的性格、特征联系起来,儿童会因为穿上带有某种卡通形象的服装而完成某种角色扮演,比如,儿童穿上黑猫警长的服装,立刻会觉得自己就是黑猫警长,是警察,很威风神气、机智勇敢。这类童装设计还注重某一卡通形象在动画片或童话故事中的情节,有时在设计中会体现一些故事情景,或者加入与某种卡通形象相关的其他形象。(图 7-9)

图7-9 卡通风格童装

本章小结

一个童装品牌或一组童装产品，如果没有自己独特的风格与个性的设计，就像一个没有主题的故事，很难有感染人、吸引人的魅力。在童装产品设计中尤其是在童装品牌产品设计中，追求风格比追求时尚更重要，不仅要迎合时尚潮流，更要考虑自己独特的风格。没有个性的设计、没有风格的产品，很难在众多同类产品中脱颖而出。而且，童装企业都有自己的产品风格定位，这是每一季度童装产品设计的重要依据。因此，童装设计师要了解常用的童装风格，掌握影响童装风格的表现要素以及不同风格童装的造型、色彩、面料选用、常见品类与搭配方式等。本章

就从这些方面对常用童装风格作了分析介绍。

思考与练习

1. 在品牌童装设计中,按服装风格进行设计有何实际意义?
2. 对童装设计师来说,主要的风格倾向应该怎样形成?请结合实例谈谈你的看法。
3. 从主要童装风格中选择你最喜欢的一种,设计一组童装,要求不少于4套,设计品种在3种以上,表现方式不限。
4. 寻找一位有代表性的童装品牌或童装设计师,根据其作品风格重新设计一款童装,并尝试用初级实物来表现。

第八章 童装装饰设计

各种各样种类繁多的装饰是童装设计必不可少的设计元素，而且经常是童装设计中需要强调的部分，成为一款童装的设计重点，以此体现儿童活泼可爱的天性，同时也是强调童装与成人服装区别的重要设计元素。童装的装饰，也要根据儿童不同的性格、年龄、爱好和社会生活习惯来进行，要装饰得恰到好处，同时还要符合国家相关标准，而且还要注意实用和经济效果。

第一节 一般装饰法

一般装饰法是相对于传统装饰法而言的，是指辑线装饰法、镶拼装饰法、贴布装饰法、造花装饰法和图案装饰法等。

一、辑线装饰法

辑线装饰是在衣服正面的拼接缝旁边或其他部位等距地车缝一道或两道甚至更多缝线，有强调装饰这一部位的作用。辑线一般使用在门襟、衣边、领口、袖口和分割线处，这种装饰法在牛仔服上用得最多。为了突出辑线的装饰效果，很多时候设计师会将辑线的颜色与面料的颜色形成强对比。辑线也经常用于使用填充物的服装上，既可以固定填充物，同时又收到很好的装饰效果，这在工艺上通常称作绗缝。如在羽绒服装中的绗缝辑线，绗缝辑线的颜色既可以与面料相同也可形成对比，由于填充物与缝线一松一紧的原因，在服装表面还会形成凹凸花纹效果，装饰效果非常好。而且，绗缝辑线的形状可以设计成多种形状，如云形、菱形、六边形、方格形以及花卉形、鱼鳞形等，还可以缉细褶、缉褶叠、缉松紧等。（图 8-1）

图 8-1 裤装上的明辑线成为非常跳跃的装饰元素

二、镶拼装饰法

镶拼装饰法是童装装饰工艺中常用的一种方法，镶拼法也称为拼接法。一般根据服装拼接缝的部位和设计意图进行镶拼，也可根据服装裁剪的原始部位镶拼，如整个领子、袖子、口袋、袋盖或上下衣片使用与其他部位不同的面料镶拼。镶拼可以是异色料镶拼、异质料镶拼、边角料镶拼或纯装饰性镶拼等。镶拼装饰法中还有一种特别的布纹装饰法，即利用布料本身的花纹，根据设计在面料剪裁时经过互相套裁设计，将布料花纹拼成几种几何图案的衣片。这种装饰如设计巧妙，能使横、直、斜花纹之间配合得恰到好处，甚为美观。选用的面料以条纹面料和格子面料为宜，且不宜采

用花纹杂乱或颜色太素的面料。（图8-2）

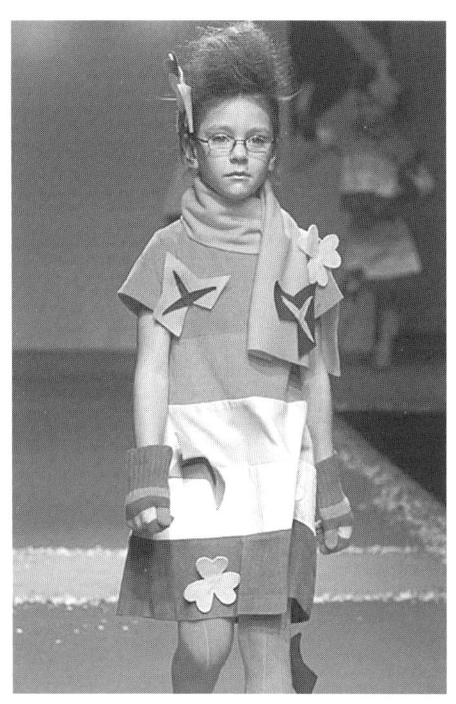

图8-2 童装使用了多种色彩明快的裁片进行拼接

三、贴布装饰法

贴布装饰包括补花和贴花两种装饰手段。两种装饰手段都是将一定面积的材料剪成图案形象附着在服装上。用来装饰的贴布，要根据儿童的年龄、性别、爱好和性格等剪成各种动物、植物图案以及其他形状的图案。补花是通过缝缀来固定，将剪好的图案用合适的线沿图案的边缘绣在或缝在服装上，如果是绣，贴布绣针法有几种，有扣针绣，如同缲边一样且有稀密之分；有珠宝绣，由反面起针，在面上反套一圈起针，下部依次类推，绣满为止；此外，还有锁边绣。如果是缝，布料的边缘要做合适的处理，以防脱丝，或者故意暴露面料的毛边以取得一种特殊的装饰效果。这种装饰手法经常用在童装易磨破的部位，如前胸、肘部、膝盖等处，既可以增强这些部位的牢度，又可以取得装饰效果。贴花则是使用特殊的粘合剂粘贴固定。贴布可以是异色异质布料也可以是印上花纹图案的边角料。（图8-3）

图8-3 服装上的图案都是使用了不同的工艺拼贴在服装上的

四、褶裥装饰法

褶裥在童装中既有实用功能又有装饰功能，通过对面料曲折变化带来微妙的动感和立体量感的装饰效果。褶裥的工艺手法通常有抽皱、压褶、捏褶、捻转、波浪花边等。褶还有活褶和死褶之分，活褶更具有实用功能，死褶大多只具有装饰效果。从实用角度来讲，童装上打褶的部位有宽松便于活动的余量。从装饰功能角度来讲，童装中不同的褶给予童装不同的特点和观感，服装上打褶的部位会取得某种肌理效果且具有立体感。例如，选用与服装相同的面料做成的荷叶褶，可增加童装的装饰性，也可表现服装柔软的质感，给人柔和甜美的感觉；百褶裙视觉上显得整齐而有层次；合体的裙子前身膝盖以上加几个活褶，既不影响设计意图，行走时活褶打开又不影响身体活动；随意抽皱的细褶，感觉轻松流畅；刻意设计的对褶则有稳重大方的感觉。童装不仅可以通体使用褶裥，还可以把柔软的褶镶在衣服的边缘，或者把衣片剪开，把褶镶在衣服的中间，表现若隐若现、风雅华丽的情趣，也可以把褶层层堆积，表现出或古典或娇柔的儿童情趣。褶裥在女童服装使用非常广泛，衬衫、连衣裙、半截裙、睡衣等都经常使用。(图8-4)

五、造花装饰法

造花装饰法是指用各种材料制作的具有立体感的装饰性人造花或蝴蝶结。童装尤其是女童装和节日盛装中经常会使用这种装饰手法。这种装饰立体感强，装饰部位突出，与平面服装衣片相对比形成层次感。(图8-5)

图8-4　将褶裥作为装饰是这套服装的设计特色

图8-5　服装上的人造花立体感强，非常有装饰感

六、编结装饰法

编结的方法有很多种，最常见的是指用棒针、勾针和纱线编结装饰图案或花边，如在衣服边缘勾结花边、用绳盘花、吊结流苏等。或者将编织花型与梭织面料拼接，有时也会把与服装相同或不同的面料剪成条状，再相互编结出需要的装饰造型。中国传统的结也属于编结装饰手法，但因为它非常传统，我们把它归到后面的传统装饰法中。编结装饰法是童装中常用的装饰手法。（图8-6）

图8-6　服装中运用不同的编结工艺具有独特的装饰效果

七、图案装饰法

童装中的图案装饰法是非常重要的童装装饰手法，我们将在随后的章节单独讲解，这儿暂不赘述。

第二节　传统装饰法

传统装饰法主要是指将我国古老的传统工艺滚、镶、嵌、荡、绣、结等手法用于童装装饰。传

统装饰法最常用于民族风格，在中国就是典型地用于唐装式童装，在古典风格童装和娇柔风格童装中也有使用。

一、滚

滚即滚边，是对服装边缘的一种处理手法和服装装饰工艺，常用于童装装饰。滚边主要用于领圈、袖口、袖窿、底边等处。滚边的滚条一定要用斜料以不致使服装边缘拉紧。滚的方法有很多种，常用的有顺驳滚、线香滚、双边倒驳滚、单边倒驳滚和夹边滚等。（图 8-7）

图 8-7 儿童旗袍的领口和门襟使用了传统的滚边

图 8-8 蓝色服装上的白色部分使用了镶边工艺

二、镶

镶又称镶边，也是一种边缘处理手法。与前面讲的镶拼有所不同，它通过边饰的颜色和布料质地处理形成对比的效果，或使用与服装相同的布料，或使用异质异色的布料，或使用皮革、绒料、手工花边、缎带、绣带等镶边，都会给童装带来做工精致细腻的感觉。这种工艺手法由于需要精良细致的工艺，所以往往会提高童装的价值。（图 8-8）

三、嵌

嵌是指嵌线，又称嵌条。它是用一种与服装本身色彩不同的缝物，嵌于领子、领圈周围，或嵌于袖口边、绣克夫、底边和胸部接缝处作为一种装饰。嵌线条也是用斜料，嵌线条工艺往往与滚边、镶边一起进行，俗称滚嵌、镶嵌。嵌线工艺在童装上的应用大体有三种形式：沿边嵌、包芯

嵌、镂空嵌。(图 8-9)

图 8-9 服装的分割线部位使用了嵌的工艺做装饰

图 8-10 领口的布条装饰使用了荡条工艺

四、荡

荡即荡条。它是用斜料做成的条子,钉在服装的某些部位作为装饰的一种工艺。荡条有宽窄之分,颜色可用本布色,也可用异色。荡的形式除了直线形,还可盘成各种花型图案。装饰的部位一般在大襟、底边、袖口边、脚口边、胸部等处。(图 8-10)

荡条钉法可分为一荡、二荡、三荡。

五、绣

绣的种类很多,有刺绣、扳网绣、抽绣、打结绣等。刺绣是最传统的服装装饰工艺。绣线的针路和凸起的花纹使图案具有浮雕式的独特的造型美,同时又给人典雅精致的感觉。绣的针法

图 8-11 图中童装使用了不同的绣做装饰

也很多，常用的有最简单的平针绣，有打子针绣，适用于绣花芯、圆点，有套叶针绣，适宜于绣树叶、花瓣，此外，还有别梗针绣、饶子针绣、彩珠镶绣、贴花补绣。由于快速方便，电脑绣花现在基本代替了手工刺绣。打结绣是童装经常使用的一种装饰手法。打结绣整齐秀丽，非常具有秩序美和立体感，面料的肌理效果非常好，在童装的造型结构和装饰上广泛使用。打结绣能满足放大、收缩或者一布成型的机能要求，在童装中，打结绣经常用来取代腰省或胸省，而且经常用于童装前胸、领部、袖口等部位，还经常用于服饰品。（图 8-11）

六、结

中国传统的各种各样的结是一种连接设计，同时也是常见的一种传统装饰手法，比如三叶结、纽扣结、琵琶结、蝴蝶结、如意结、团花结等，它们都是线状的构造物，是人们千百年来不经意间创造出来的一种最简单、最合理又最美丽的接合构造。结也经常用于童装装饰，特别是用于传统的民族风格的童装。从形态上讲，结有单线式的、双线式的或者重叠多层式的；从材料上讲，有宽边的缎带，有窄小的丝线，还有透明的塑料丝带和半透明的蕾丝花边等。从色彩上讲，结的变化就更多了。如果再把结与其他形态结合，结的装饰性就更明显了。（图 8-12）

图 8-12　童装的门襟使用传统的结闭合

第三节　辅料装饰法

辅料装饰也是在童装上常用的装饰工艺。辅料装饰要注意选用辅料的色彩、质料要与服装的款式相符合，同时还要注意装饰部位的选择要恰当，装饰辅料的大小与服装的比例和轮廓也要相称，不能过大或过小。薄衣料宜小而精，粗厚衣料可相应大些。

一、功能性辅料装饰

童装上功能性辅料主要包括纽扣、带袢、拉链、拷纽、铆钉、气眼等。功能性辅料用于服装本来是有一定的实用功能的，比如纽扣、带袢、拉链等是为了闭合服装而使用，气眼则是为了服装局部透气、散热而使用。现在许多童装中这些辅料的使用除了起码的功能性需求以外，大多时候还扮演了重要的装饰角色，比如，婴幼儿装中经常会使用几组带袢，系成蝴蝶结形状变成了非常漂亮的装饰，经常用于童装门襟、后背、肩部、侧缝、底摆、裤脚以及许多部件的设计中。铆钉、拷纽、拉链、气眼等则是儿童牛仔装、夹克衫、卫衣、羽绒服等常用

的装饰辅料。(图8-13)

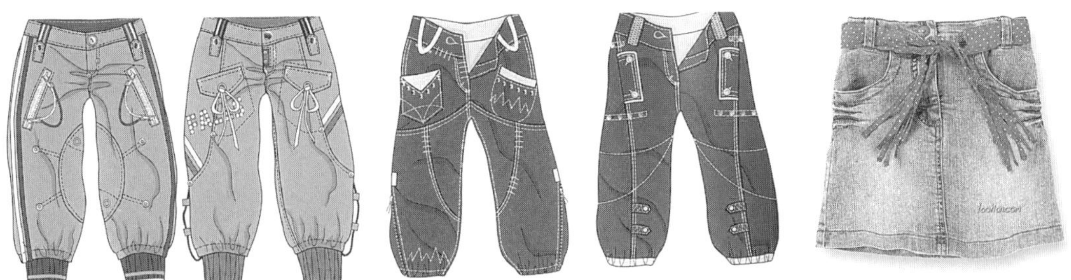

图8-13 服装使用色彩跳跃的拷纽、拉链、绳带做装饰

二、工艺性辅料装饰

童装上工艺性辅料主要包括各种花边、珠光片、烫钻、缎带等。童装的装饰工艺要非常注意安全性,工艺性装饰辅料要注意牢固、耐洗,不褪色等。年龄较小的儿童穿着的服装中较少使用珠光片、烫钻等装饰,女童装经常使用花边、缎带做装饰,装饰设计可以根据儿童的年龄、性别特征以及设计需要进行。(图8-14)

图8-14 大量花边或珠片的使用是图中两款童装的装饰特色

三、标识性辅料装饰

童装上标识性装饰主要指商标、品牌代表形象等。在儿童休闲装、运动装中经常会将商标用作装饰,各种可爱的品牌代表形象也是童装中常见的装饰,衬托儿童的活泼可爱。童装公司

用这些标识在服装上作为企业的辨识性标志，家长一看就知道是哪个品牌，儿童一看到自己喜欢的某种形象也会喜欢上某一款服装。（图 8-15）

图 8-15　服装上的品牌标识和代表形象使人一看就知道是哪个品牌的服装

本章小结

本章从一般装饰法、传统装饰法、辅料装饰法三个方面分别讲解了童装装饰手法。其中一般装饰法也就是普遍最常用的装饰手法，几乎适用于所有童装品类，是需要掌握的重点内容。建议学习童装设计的学生多看童装图片或实物，从材质、工艺等方面观察童装上的装饰，尤其注意其制作工艺，这是童装装饰完成过程中的难点，可以找来白坯布或童装面料多动手做一些制作尝试。

思考与练习

1. 童装的不同装饰手法对于童装的款式、结构和工艺的设计有何影响？如何协调？
2. 用白坯布使用不同的装饰手法进行创意性装饰设计，创造出风格各异的视觉效果，要求变化装饰不少于 5 种。

第九章 童装图案设计

图案是一种既古老又现代的装饰艺术，是对某种物象形态经过概括提取，使之具有艺术性和装饰性的组织形式。图案通过某种适合服装的形式运用在服装上就变成了服饰图案，在服装中，从面料本身的纹样到服装中装饰图案的组织构成，服饰图案的应用都是服装设计中不可忽视的重要内容。

在童装设计中，图案设计显得尤为重要，尤其是在低龄童装中，几乎每件服装上都能看到各种形式的图案，童装图案可以装饰服装局部也可以用于服装整体，使得设计非常有力度，从而吸引人的视线，这不仅可以丰富充实服装的装饰性，而且还可以有效地弥补款式造型、结构工艺和人体形象的不足。

第一节　童装图案设计原则

图案是童装设计中的重要元素,童装中的图案有一定的原则需要遵循,主要考虑的设计原则有以下几方面。

一、符合儿童的心理

童装图案要符合儿童的心理,要反映儿童的活泼、天真,激发儿童的兴趣和想象力。总体上看,童装图案在造型上多为写实性,线条简洁,造型单纯而富有变化,用色也比较鲜艳,取材多带神话和童话色彩,以日常生活中常见的题材为主,内容应使儿童容易认识和喜爱,常以动画形式表现,具有浪漫天真的童趣性。同时,利用儿童的好奇心和喜欢模仿等心理特点,童装上的图案设计通常还会具有一定的启迪教育作用,比如使用拼音、英文字母、数字、日常用品等作为素材,让儿童在对图案感兴趣的同时记住或识别这些内容。但是儿童在每一个生长时期,性格、爱好、活动和心理发展都不同,这就要求童装上的装饰图案设计有针对性,不能一概而论,要符合不同时期儿童的心理。比如,婴儿对任何进入视线的东西都会感兴趣,即使一粒小小的纽扣可能也会玩弄半天,而且,婴儿还没有很强的辨别能力,所以婴儿装上的图案比较简单,图案选择尽量不超过二种,要少而精,并且要选择温和、可爱的图案,色彩相对柔和淡雅,但出于安全性考虑,工艺要求比较高。幼儿服是童装中最能体现装饰趣味的服装。幼儿服上的装饰图案十分丰富,所有儿童喜欢的动画片里的卡通形象都可以作为装饰图案用于幼儿装,比如孙悟空、圣诞老人、米老鼠、唐老鸭等儿童喜闻乐见的动画人物,这些图案特别容易让儿童瞬间喜欢上某一件服装。而已经上学的儿童心理相对已经比较成熟,学生服则经常用学校的校名徽志等具有标志性的图案进行装饰,图案精巧、简洁。

二、遵循服饰图案自身规律

服饰图案具有不以个人意志为转移的普遍性规律和风格特征。从图案材料和工艺特点上来看,各种材料和工艺制作都有其特定的属性和表情,某种服装使用哪种构图形式的图案或者哪种工艺制作的图案,通常情况下相对比较固定。选择童装图案要遵循服饰图案本身的构图形式、属性、特征、风格等。比如,要使童装给人端庄稳定的感觉,可能会选择对称的、中心式布局的服饰图案;而要使服装给人一种新奇、刺激的感觉,图案则可能会选择不平衡的、突兀的布局。再比如贴布绣,以这种方法创作的图案,手工感觉较强,强调的是休闲、可爱的感觉,大多用于休闲童装,如果用于洋娃娃式女童装就会显得很不协调;而使用刺绣工艺制作的图案则显得比较精致高雅,大多用于娇柔风格童装和经典风格童装。

三、服从童装整体的统一性

服饰图案是依附于服装对其进行装饰的,所以相对于服装整体而言,它具有从属性,图案素材的选择、装饰的部位、表现形式和工艺手法都要服从于服装的整体造型与风格,根据服装款式的特点和服用对象的需要而定。服饰图案脱离了服装及配件,则无法显示它的审美价值和经济价值。

统一性是所有艺术形式都要遵循的原则之一。作为服装上装饰艺术的图案也要求图案本身形状、色彩、材质的统一,同时还要求与服装、人体以及环境的统一。服装设计是以人为本,通过款式、色彩、材质的搭配组合来表现人的精神风貌,体现某种着装风格。童装图案依附于童装,其风格必须与童装风格相呼应,通过图案本身的美以及与服装色彩、材质、工艺、配饰等的协调形成统一,可形成清纯淡雅、粗犷奔放、优雅细腻、活泼洒脱等多种风格,协助增加服装的情调表现,烘托不同着装者的气质涵养,从而更能体现服装的设计主题和精神内涵。不同素材、不同形式、不同色彩的图案在服装上形成不同的装饰风格和艺术美感,服饰图案在进行设计时要力求与着装者的内在美和服装的外在美形成统一,相辅相成。同时也要与穿着场合和穿着时间相统一,还要注意图案形成的时代感,同造型、色彩、材料一起构成服饰整体的时代特征。

四、适应童装结构和功能

童装图案要与童装的款式结构相吻合。童装款式就好比图案的外框架,童装图案设计就好像在童装上做适合图案,必须接受款式结构的限定,并以相应的方式去体现其限定性。比如款式宽松的休闲 T 恤,可供装饰的面积较大,因此,常常会选择布局宽大饱满的图案;而经典风格童装外套上的图案大多会用在前胸、领角、袖口、底摆等部位,图案要完全根据这些部位的形状结构进行设计,一般会比较小巧精致。总之,服装结构作为支撑服装形象的内在框架,对图案形象和装饰部位也有严格的限制,图案设计要适合结构线围成的特定空间。

服饰图案还应该从属于服装特定的功能,与之相统一协调,并且突出其特定功能。如冬天的童装要求保暖功用,图案设计也要适应整体服装的这种功能,用毛皮、毛线、绗缝材料、厚实的材料进行制作,造型上可能选用立体造型、厚重造型,配色则可能会选用暖色调,整体力求给人厚实、暖和的感觉;而夏天的童装强调透气透汗的功能性,让人感觉凉爽,图案设计同样要服从这一功能,则可能会选用单薄透气的材料、浅淡的色调、平面的造型、简单的工艺;再比如幼童活泼好动,其服装材料和工艺都要求一定的牢固性,与之相配的图案的材料和工艺也要求有很好的牢固性,以免儿童在爬、跳、翻、滚时图案被撕裂,而儿童盛装的图案牢固程度就相对较低,只要满足洗涤时的耐劳度要求就可以了,但是对图案材料的高档、工艺的精细却有很高的要求。

五、符合材料与工艺条件

服饰图案要从属于材料和工艺的制约。图案设计出来之后只能算是完成一半,另一半要等图案制作出来才算完成,而能否找到合适的材料和可以实现的工艺是后期制作的关键,只有材料和工艺条件实现了,才能按设计制作出想要的图案。各种原材料有不同的质地和性能,可以产生不同的效果。服饰图案设计要与材料相结合,既要符合原材料的特点,又要利用和发挥原材料的优势。比如,相同的颜色用在不同的面料上就有不同的效果,大红色印在呢料上,明度感和纯度感都不高,感觉厚重,而印在锦缎上则会感觉色彩鲜艳、亮度感高,色性偏冷。图案花色是面料的灵魂,有些花色适合用于棉、麻、丝等面料,有些花色则适合于皮革、牛仔面料。图案设计还要考虑颜料、绣线、化学染料等材料条件的影响,在进行童装图案设计时所有材料因素都是要事先考虑的因素。

服饰图案虽然在设计时往往是绘在纸上,但是最终在服装上的表现是通过不同的工艺实现的。因而在设计时还必须考虑工艺的特性和制约,使图案能体现工艺之所长而避工艺之所短,

通过最佳的表现形式来体现设计目的和要求。工艺制作往往对图案会有很大的制约性,图案设计必须符合生产工艺及生产条件等要求,及生产技术方面的可行性。图案的整体构思与设计是在工艺技术条件的制约下进行的,不是纯绘画性的表现。同时,有些制作工艺对设计起到充实和发展的作用,它往往能超越纸面效果,在制作过程中出现意想不到的表现形式。如蜡染中的偶然性冰纹、手绘过程中类似泼墨的自然形态等。这些效果不是画出来的或者在绘画过程中根本想不到,完全是依靠制作工艺的特点形成的。此外,图案设计的实现工艺还要受产品成本的制约,要结合工艺生产上的要求,做到适用于生产。

六、体现童装的价值

图案运用是童装设计中非常重要的一部分,通过图案体现童装的价值包括实用和审美两个方面。图案的实用功能表现在图案与人物形式方面的和谐以及图案作用于人在生理和心理方面得到平衡的机能性。童装图案往往色彩鲜艳,造型夸张卡通,这也往往是为了符合儿童心理和生理特征而进行的选择。童装图案的合理运用可以提升服装的品质,加强服装的审美功能,还可以掩饰人体缺陷,使人穿戴得体,所以,图案的装饰部位、手段形式、材料选择应以实用性能的充分实现为先决条件。图案是童装上重要的装饰元素构成,装饰的目的就是为了美观,图案本身的形式美、色彩美、韵律美以及比例美等都可以加强服装的审美性,给人以视觉上的美感。此外,图案与服装整体的统一美或者与着装者的个人因素、环境因素所形成的协调美,都是图案的审美内容,所有这些都可以提升服装的价值,通过穿着者的穿着行为实现童装价值的体现。

第二节　童装图案设计的取材

服饰图案的取材是十分丰富的,在我们的现实世界里几乎是无所不包,无论是自然景象、人造形象还是几何图形及文字以及日常生活中所接触到的交通工具或生活器皿等都可作为童装图案的素材,这些素材通过写实、夸张、卡通、童话造型以及其他变化手法,组成各种装饰素材,应用到各种童装造型中。尽管图案内容丰富,题材广泛,但概括起来大致有自然资料和人为资料这两个方面。

一、自然素材

图案的自然界素材包括主要包括花卉植物、动物、人物、风景等。

(一) 花卉植物

花卉植物是童装图案创作中应用非常广泛的一种,在服装图案中占有很大的比重。花卉植物本身形象优美,根据不同的装饰要求稍加处理即可应用,同时花卉植物有较多的选择余地,经常用的有梅花、桃子、牡丹、百合、菊花、竹子、松柏等,这些素材经常会由谐音、联想等形式用于童装图案,比如,桃子的外型中添加松鹤图案以象征长寿,经常用于婴儿装,表达家人希望宝宝健康长寿的愿望;在莲花的外型中添加金鱼的图案来比喻连年有余,这种形式的图案最常见于民族风格童装,比如典型的中式童装。不同国家、民族、地区通常都有自己的国花或喜欢的植物,在图案设计时要考虑到民族习惯。花卉植物图案感觉柔和优雅,有较女性化的性格特征,多用于女童装、婴儿装以及年龄较小的幼童装。(图9-1)

图9-1 花卉图案最常用于女童装

(二)动物

动物图案是深受儿童喜爱的图案,是童装图案设计中经常应用的素材。女童比较喜欢小猫、小鸭子、大熊猫、孔雀等性情比较温和的动物,这些动物图案常用于女童装;幼小动物乖巧天真、顽皮可爱,深受好奇好动的婴幼儿喜爱;而老虎、狮子、豹子等相对凶猛的动物,用于童装图案素材给人一种威武、有力、勇敢的感觉,深受男童喜爱,多用于男童装。在童装图案设计中,要非常注意刻画动物的神态与情感,这可以增加图案的表现力,传达特有的情趣和表现的生动感。动物在行走、嬉戏、觅食、奔跑以及喜悦和恐惧时,其表情和动作均有着明显的变化,比如熊猫要偏重表现它的可爱憨厚、笨拙悠闲,造型上圆形的体态、沉甸甸的后肢及臀部让人忍俊不禁,以增加画面的情趣和生动感。有时为了强调动态与神态还要进行拟人化的处理,如家喻户晓的美国迪斯尼公司的动画片《米老鼠和唐老鸭》,就是通过拟人化的艺术处理,深受儿童喜爱。(图9-2)

图9-2 动物图案深受儿童喜欢

(三)人物

童装图案中的人物大都是比较简单、夸张、卡通的造型,且一般根据童话故事和动画片中儿童喜闻乐见的人物形象进行变化设计,比如葫芦兄弟、孙悟空、哪吒、天线宝宝等都是儿童熟悉且喜欢的人物造型。人物造型图案在童装上的应用可以服装面料的形式出现,即四方连续图案花布中的人物图案形式,也可以单独纹样形式出现。从工艺制作手段来说,人物图案可以是机印在服装上,可以采用丝网印染工艺制作,也可以采用手绘转移印染、数码

照片扫描印制等方法把图案用在服装上，或者使用刺绣工艺，在婴幼儿装和小童装上，很多时候使用贴布绣或其他拼贴方式将人物图案制作在服装上，图案的面积通常比较大，有时会直接作为童装的装饰性部件。人物图案经常用于儿童T恤衫、休闲装、连衣裙、衬衫等，或者放在头巾、帽子、包袋等配件上。（图9-3）

图9-3　图中儿童T恤前胸的图案是人物形象图案

（四）风景

童装中的风景图案虽然没有花卉植物、动物图案应用的多，但在某些服装上，例如创意服装、比赛服装、某些有主题的舞台服装以及日常休闲装中使用会有新颖、别致的感觉，能达到特定的装饰效果和美感。风景包括自然形态和人造形态两大类，比如山川河流、日月星辰等属于自然形态风景，建筑、楼宇等属于人造形态风景。风景图案应用于童装更多地体现在头巾、披肩及大面积装饰上，如连衣裙、睡衣。而其中建筑图案被运用最多，一是平面应用，即在平面上印制图案，而是服饰造型本身就是某种建筑图案。风景图案的工艺可以是印染、绣、或民间蜡染等。（图9-4）

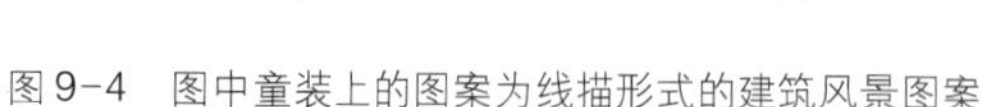

图9-4　图中童装上的图案为线描形式的建筑风景图案

二、人文素材

图案人文素材有文字、艺术、几何图形、工业产品、日常生活以及童话故事和动画片等。

（一）文字

文字图案在童装设计中的使用是非常普遍的，无论是鞋帽、外套、衬衫、裤子，还是运动装、休闲装、表演装,或是背包、纽扣等,到处都能见到文字装饰。文字具有丰富的表现性和极大的灵活性,无论哪种文字,都有许多字体,选择余地非常大,既可以单独使用,也可以成词、成句使用;可以明确表意、传达信息,也可以仅作为装饰形象。文字图案还具有较强的适应性,很容易与其他装饰形象相结合。文字图案同时还具有鲜明的文化指征性,每种文字都象征着文字图案可以使用不同的制作工艺,可以是立体的也可以是平面的。(图 9-5)

图 9-5 文字图案也是童装中经常使用的图案

(二)工业产品

工业产品包括日用电器、器皿、交通工具、生产工具、玩具等,是童装经常使用的图案素材。比如男童都喜欢汽车、飞机、挖掘机等交通工具和作业机械,男童装上尤其是年龄偏小的男童服装上经常会见到这类图案的运用,女童则比较喜欢花灯、电话、小杯子等,所以会把这些图案用于服装。工业产品作为童装图案素材适用于所有的图案工艺和童装款式。(图 9-6)

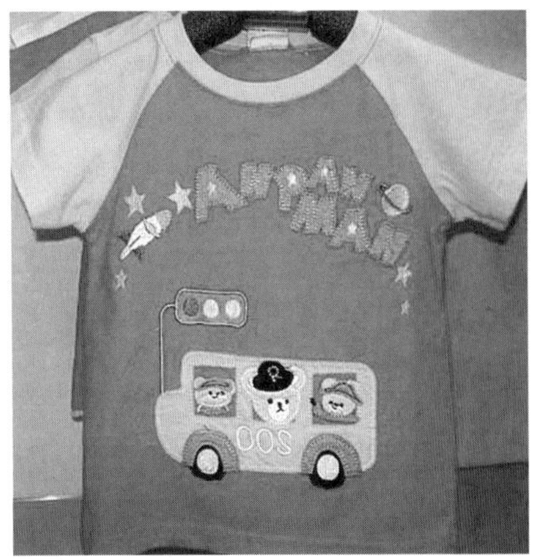

图 9-6 汽车、飞机等工业产品形象图案是童装中大量使用的图案形象

（三）纯形态资料

纯形态资料以几何形体为基础，以几何学的点、线、面、形为基本元素，经过组织和变化而形成。纯形态资料的形成是通过形象思维，对物体面积、大小、形状和相互关系加以变形、变体、变色，以求得整体布局的统一协调装饰。包括点、线、面和规则与不规则的几何形体等。（图 9-7）

图 9-7　此套童装使用了几何形体图案做装饰

（四）童话故事和动画片

童话故事和动画片几乎伴随每一个儿童成长的过程，是儿童生活中必不可少的娱乐和学习的工具，取材于童话故事和动画片的童装图案是儿童最乐于接受的服装图案。如果家长带孩子买服装，儿童最想要的肯定是带有自己熟悉的动画片或故事中人物或动物形象的服装，甚至会特意向家长提出要穿“米老鼠”或者要穿“天线宝宝”。在童话故事中，经常用人的情感去联想，以此来表现出各种富于人情味的图案形象，比如狼外婆心狠手辣，兔弟弟天真无邪等，这常常会引发儿童的兴致。儿童尤其是婴幼儿常会把服装上的图案当作一个可以与之嬉笑逗乐的小伙伴，看到可爱的机器猫、机灵的米老鼠都会伸手摸一摸，用嘴巴亲一亲，跟他们说说话，所以童话故事或动画片中的人物或动物形象是儿童最乐于接受和喜爱的。（图 9-8）

图 9-8　动画片和童话形象是儿童最喜爱的图案形象

（五）艺术

艺术形式多种多样，比如舞蹈、音乐、绘画、剪纸、电影、文学等，这些艺术形式都会给童装图案设计带来灵感，成为童装图案的素材，比如音乐符号、五线谱、剪纸的形式、跳舞的姿态等。（图 9-9）

（六）日常生活

日常生活也是童装图案取之不尽

的素材来源。工作、休息、娱乐随时随处都能给人以灵感，而且也是儿童容易理解和接受的图案形式，比如马拉车、踢毽子、打乒乓球、警察指挥交通等图案的运用都是来源于日常生活。(图9-10)

图9-9　图案灵感源于戏曲艺术

图9-10　图案形象源于日常生活

第三节　童装图案设计的分类

图案的具体形态种类非常多，将其归类进行设计，分别了解某一类别的特点、设计规律和应用方式便于设计师在实践中把握应用。

一、按图案形态分

按图案形态分，童装图案可分为具象图案和抽象图案。具象图案是对已有的具体形象的变形和概括，具象图案让人一眼就能看出其变化原型，如花卉、动物、人物等，相对比较直观，这样的图案容易被儿童认知和接受，产生某种情感，同时也将儿童活泼好动、天真烂漫的天性表达得淋漓尽致；抽象型图案是以平面构成原理及简单的几何型为基础，在服装上传达了一种抽象理

念和美学形式，相对具象图案而言，它更注重感觉的东西，只可意会不可言传，但运用得当却能让人感觉到某种强烈的震撼力。(图 9-11，图 9-12)

图 9-11 具象图案用于童装使儿童容易辨识

图 9-12 大面积抽象图案的运用丰富了服装的层次感

二、按构图形式分

同基本图案形式一样，童装图案也有单独形式、连续形式和群合形式之分。

单独形式的纹样分为单独纹样和适合纹样，单独形式的纹样有填充、点缀的作用，多用在边角、领口、肩部等。单独纹样比较独立、形式活泼，安放比较自由，表现比较丰富；适合纹样比较规整、大方，多安放在正前胸和正背面的位置，比较有气势，视觉冲击力强。

连续纹样分二方连续纹样和四方连续纹样，二方连续纹样有线性装饰特点，适合做服装的边饰，如袖口、领边、底摆、脚口等，在民族风格服装中常见，装饰性强。四方连续则常用在满地花图案的服装上，常见的是具象变形图案为元素的四方连续面料纹样设计，符合儿童心理特征。

群合形式纹样是由相同、相近或不同的许多形象无规律地组成带状或面状的图案，这种图案随意生动，表现夸张，适合运用在时髦的休闲童装中，给童装增添别样趣味。(图 9-13，图 9-14，图 9-15)

图 9-13 单独形式图案经常会成为童装上的视觉中心

图 9-14 连续形式图案最常用于童装上做边饰

图 9-15 童装上的群合形式图案非常引人注目

三、按工艺特点分

图案的工艺手法多种多样,不同的工艺特点赋予了图案截然不同的感觉和气质。图案按工艺特点可分为印染图案、编结图案、刺绣图案、烫贴图案、拼贴图案等。因为工艺特点的不同,所表现的服饰图案会有截然不同的特点,即使是完全相同的图案,采用不同的工艺手法,也会在服装上表现出不同的风格。因此,要对不同的工艺手法进行区分、了解,使不同工艺表现的图案服从于不同风格的服装要求。(图 9-16)

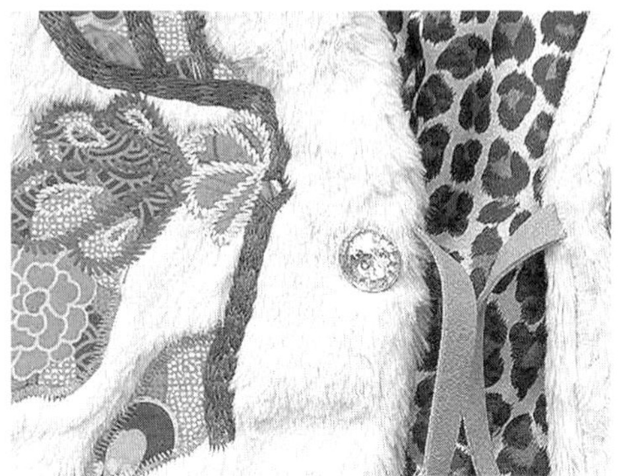

图 9-16 图案使用了不同的制作工艺

四、按构成空间分

按构成空间分，服饰图案可分为平面图案和立体图案两种形式。

平面图案是指在平面物体上所表现的各种装饰，如服装及配件所用的面料、通过印染、手绘等平面绘制的手法出现在服装上的图案。平面图案比较端庄整齐，一经形成则比较固定。

立体图案是指出现在服装上的图案具有立体效果。如利用面料制作的立体花、皱褶、蝴蝶结、装饰纽结等，或者用珠片、金属等在服装上层叠而成的装饰，此外，项链、手镯、耳环等配件类图案都属于立体效果的图案。立体图案的可变性比较强，甚至随着人体的活动可以有所改变，相对比较灵活、有动感。（图 9-17，图 9-18）

图 9-17　服装中的图案为平面图案

图 9-18　图中服装花造型的立体图案

五、按图案内容分

按图案内容看，童装图案可分为文字图案和图形图案。

文字图案就是以字母、汉字等各国的语言文字的字形为基础，进行各种变形、美化和装饰，文字图案既可以作为一种装饰，又可以表达一种概念，有着丰富的理性内涵。文字图案在童装中以装饰性为主，文字造型可爱，内容简单健康。

图形图案是除文字以外的象形图案，包括花卉图案、动物图案、风景图案、人物图案、几何图案和传统图案等。童装设计中，图形图案是最易被儿童接受和认可的图案。也有把文字图案和图形图案相结合，使图案设计内容更加层次丰富，内容丰满。（图 9-19，图 9-20）

图 9-19　此套童装使用文字图案

图 9-20　图中童装中使用图形图案

第四节　童装图案设计的常用工艺

有了童装图案的构思后,考虑使用什么样的工艺将其运用于童装中是图案设计能否实现最终效果的关键,不同的图案工艺都有其特点,对服装款式、面料、色彩等有不同的要求。

一、面料

用面料现有的图案是图案在童装中运用的普遍形式。婴幼儿装中很多使用满地花面料,面料的图案形象大都选用比较直观具象、易于辨认的形象,比如小花狗、小酷驴、机器猫等,非常符合婴幼儿的心理特点。面料中的图案风格,往往会左右着服装的整体风格,或动或静、或优雅或时尚,均可通过不同图案的面料直接表现出来。不同图案的面料有不同的风格倾向,可以更加有力地把着装者的兴趣、爱好、性格等展现出来,还可以表现出民族、地域性等的差异性;而且随性别、年龄和着装场所不同而各有不同。图案布料不仅在其主调上,而且也在配色、材质、纹样的大小、纹样表现的技术等方面影响着着装场合。(图 9-21)

二、印花

印花图案是将设计好的花型图案用色浆、涂料或其他专用颜料印在面料上。印花工艺的特点是色彩丰富、纹样细致、层次多变、图案循环有规律,表现力强。印花在童装中广泛应用,印花要根据设计的花纹图案选用相应的印花工艺。常用的有直接印花、防染印花和拔染印花、丝网印花、发泡印花、烫金印花、植绒印花等。印花图案表现力非常丰富,是童装常见的图案应用形式,儿童 T 恤衫、衬衫、牛仔装、休闲外套经常使用印花图案。印花可以是全身印花也可以是局部印花胸花图案全身花图案。(图 9-22)

图 9-21　满地花面料图案是童装常见图案

图 9-22　童装印花图案

三、烫贴

烫贴的花型图案使用一种发泡材料制作，经高温就可熨烫在服装所需部位。这种方法有熨斗即可完成，简单便捷，可以根据个人喜好设计图案，是少年儿童喜欢的一种形式，烫贴图案几乎适合于童装所有的款式，最常用在 T 恤衫的前胸和后背等。（图 9-23）

图 9-23　服装的图案是亮钻烫贴图案

四、编织、钩花

编织、钩花图案是指用棒针、勾针和纱线通过编织、钩挑、蕾丝等方法制作装饰图案或花边。比如用针编织毛衣或者在衣服边缘勾结花边、使用蕾丝花边等，或者将编织花型与梭织面料拼接，这是童装中常用的装饰手法，是童装图案的一大类别，毛衣、毛线衫最常使用编织图案，图案花型根据编织针法不同而形态各样。(图9-24)

图9-24 编织、勾花图案是儿童针织服装非常有特色的常用图案

五、编结盘绕

编结盘绕是以绳带或毛线等为材料，编结成花结钉缝在服装上，或将绳带直接在服装上盘绕出花型进行缝制。这种工艺手法的装饰形象略微凸起，具有类似浮雕的效果，经常用在比较传统的童装或民族风格童装中，比较典型的就是在中式童装中各种各样的盘扣、盘花的运用以及毛衣中各种勾花、编织图案的运用。(图9-25)

图9-25 使用毛线编结盘绕形成的图案成为服装的视觉中心

六、手绘

手绘图案是指用毛笔调和染料在服装上直接绘制图案。这种方法最大的优点是图案不受印制工艺的限制，可以随意发挥，或写实、或写意、或肌理抽象，韵味独特。但一般

需要较扎实的绘画修养，且绘制完毕后还需高温固色以保持图案长久。手绘图案多用于儿童表演装、前卫风格童装、休闲风格童装等。由于手绘图案的不可复制性，故仅用于单件、小批量服装装饰。（图 9-26）

图 9-26　图中童装 T 恤上的图案为动漫形象手绘图案

七、绣

刺绣是指用机器或手工在服装上绣制图案，刺绣是一种历史悠久、应用广泛、表现力强的装饰手段，常见的有平绣、网绣、雕绣、珠绣、盘绣、挑花、抽丝等。刺绣在前面已经讲过，参见第八章第二节第五部分内容。（图 9-27）

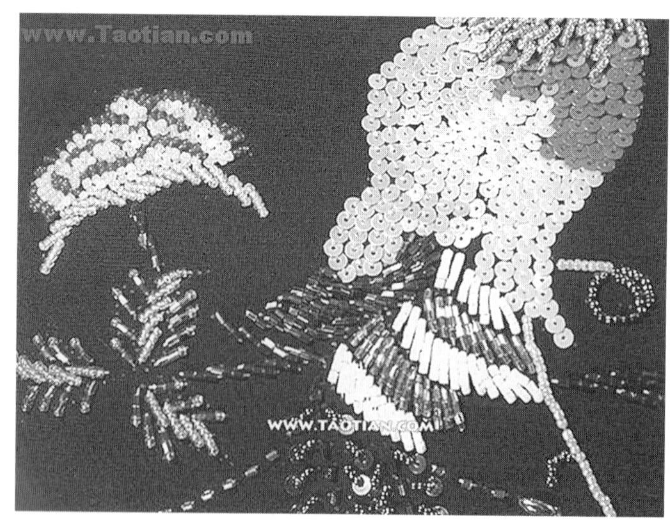

图 9-27　图中童装中的图案全部使用刺绣工艺

八、拼贴图案

拼贴是童装图案经常用的手法。拼贴就是上一章装饰手法中的贴布装饰法，参见第八章第一节第三部分内容。（图 9-28）

图 9-28 拼贴是童装图案的常用工艺形式

第五节 童装图案设计的应用

图案在童装中的具体应用主要考虑其在童装中的构成形式和和运用形式，从这两方面看，图案在童装中的应用具有无穷无尽、变化丰富的具体表现。

一、童装图案在服装上的构成形式

图案在童装上的构成形式主要是指图案在服装上的装饰布局。主要有以下四种。

（一）点状构成

点状构成图案是指相对较小的局部块面状图案。

1. 单一式

单一式图案指服装上只有一个图案。通常情况下，不管单一图案放在哪个位置都极易成为服装的视觉中心，如果图案很小，那就会仅仅作为服装的点缀，如果稍微大一点，或者色彩鲜明，或者使用与童装面料反差较大的材质，图案将会非常突出，被装饰的部位以及图案本身就会成为服装的视觉中心。单一式图案一般用在童装的前胸、后背、口袋、裤管、袖管、帽子、领角等部位作局部装饰。（图 9-29）

图 9-29 单一式点状图案用于童装简洁醒目

2. 重复式

重复式点状图案指服装上一种完全相同或非常相似的图案形象重复多次出现在服装上。如果图案是对称布局,则显得平稳;如果是散点式随意布局则给人活泼、跳跃的感觉。(图 9-30)

图 9-30 裤装上重复使用点状图案,装饰性强

3. 呼应式

呼应式构成指服装上多处有图案，其中一个比较突出，其他图案形象与之呼应，起着烘托、陪衬的作用，图案形象之间既有联系又有区别，装饰效果主次分明、协调有致，整体感较强。呼应式图案构成更能体现儿童活泼可爱的特性，在童装中使用非常广泛。（图 9-31）

图 9-31 童装图案设计也要注意形式上的呼应效果

图 9-32 多元式点状图案运用层次感强

4. 多元式

多元式图案指服装上出现多个形象、色彩、形式都不相同但量感相当的图案形象。人的视线和心理感觉在几个形象之间大幅度跳跃，有一种怪诞、刺激的感觉。这种图案一般用于前卫风格童装或舞台表演装。（图 9-32）

（二）线状构成

线状构成图案是指出现在服装边缘或某一局部的长条形图案。童装中最常见的线状构成是二方连续图案和带状群合图案形式。

1. 边缘式

童装中许多条形图案都是以镶边的形式出现的，常用在服装的领围、门襟、下摆、袖口、裤缝、裙边等边缘部位，起到一种勾勒边缘、强调款式的作用。民族风格童装和娇柔风格童装中最常使用边缘式图案。（图 9-33）

2. 内分割式

内分割式线状图案是指在服装衣片内部使用条形图案。服装衣片可以是分割后再缝合，将图案镶嵌在接缝处，也可以是纯装饰性图案，衣片不做实际分割，只是服装视觉上被线状图案分割成无数块面而已。内分割式图案经常用于童装外套、裙装、裤装、毛衣等的装饰。（图 9-34）

图 9-33 边缘式线状图案是童装边缘最常见的装饰

图 9-34 内分割式线状图案使用与服装反差大的色彩时装饰感强

（三）面状构成

面状构成图案是指服装上面积较大的图案。面状图案在童装中最常用的表现形式是四方连续形式的满地花面料图案，以及独幅大面积图案或面状群合式图案。图案在服装上可以是均匀分布、不均匀分布，或者利用不同的面状图案进行拼接组合从而产生一种新的图案形象。均匀分布的面状图案感觉稳重，不均匀分布的面状图案组织排列有大小疏密的变化感觉灵活，而拼接组合则根据拼接的原有图案的形状或大小产生多种新的图案形象，非常富于变化。面装图案由于图案形象较大较突出，非常适合儿童的特点，所以是童装中最常用的图案构成形式，几乎适用于所有童装款式。童装上经常有较大的印花图案、拼贴图案以及卡通图案的口袋、帽子、领子等。（图 9-35）

（四）综合构成

综合构成是指将点状图案、线状图案、面状图案综合运用在服装上。由于童装大都使用较多的装饰图案，所以综合构成在童装中是非常多见的，比如可爱的娇柔风格女童装，洋娃娃一般的款式，领围、袖口、底摆常有蕾丝花边的使用，前胸、后背或其他局部还会有可爱的卡通图案，而且图案可以是较大面积的，也可以是较小点状的，可以是单一图案，也可以是呼应式多个图案，给人既优雅又活泼的感觉，再比如满地花面料上直接叠加单独纹样图案或勾花边等，这些都是童装中常见的图案构成形式。（图 9-36）

图 9-35 面状图案成为视觉中心

图 9-36 各种图案综合运用活泼跳跃

二、童装图案在服装上的运用形式

从图案的装饰部位看，图案运用于童装可以是局部装饰，也可以是整体装饰，不同部位的运用具有不同的装饰效果。

（一）局部装饰

局部装饰图案主要指图案运用于服装的某些边缘、服装中心或呈散点状分散于童装上。

1. 边缘装饰

图案边缘装饰是指在服装的门襟、领边、袖口、口袋边、裤脚口、侧缝、下摆、肩臂侧部等部位的图案装饰。领部和门襟靠近脸部，通常是图案用得最多、最讲究的部位，而且常与袖口、口袋边相互协调和呼应，给人典雅、秀丽的感觉。在边缘部位进行装饰可以凸现服装轮廓和线条，增强服装的精致感和优雅感，同时具有鲜明的特色，在比较优雅的童装和民族风格童装中用得较多。（图 9-37）

图 9-37 边缘装饰图案使服装显得整齐大方

图 9-38 中心装饰图案往往就是设计的视觉中心

2. 中心装饰

图案中心装饰是指在服装比较中心的部位如胸部、腰部、背部、腹部、腿部、膝盖、肘部等使用图案装饰。中心装饰在童装中较多使用，通常会使用比较明显的单独纹样图案或群合图案，而且图案大多是卡通人物、动物等，往往是整件服装的视觉中心和特色所在，同时也会是吸引儿童的地方。（图 9-38）

3. 散点装饰

图案散点装饰从构成上讲就是呼应式和多元式构成。从运用形式上就是指在服装边缘内部的区域包括中心部位使用多个图案，图案之间可以相互协调求得一种统一感，也可以相互冲

突取得一种奇异感，分别用于不同风格的童装以达到设计要求。(图9-39)

(二)整体装饰

整体装饰图案主要指图案大面积运用于一件服装，或者在一套服装所有的单品以及某一系列服装中使用相同或相似的图案。为体现儿童活泼可爱的天性，童装中的装饰性元素较多，整体装饰图案在童装中经常使用。

1. 单件装饰

单件装饰图案是对某一服装或配饰单体的独立性装饰图案，比如大衣、裙子、裤子、T恤衫或帽子等上面的图案，这是最常见、最基本的服饰图案设计。单件装饰图案设计只需考虑与某一服装单体相适应，体现其风格和特色，而至于整体着装的组合搭配则不需考虑，所以单件装饰对于着装者的可搭配性和适应性较好，同一服装单品完全可以根据消费者的喜好搭配出不同的整体着装效果。(图9-40)

图9-39　散点装饰图案是童装中最活泼的图案形式

2. 配套装饰

配套装饰图案是指在整套服装及其配饰上使用相同或相似的装饰图案。这种图案设计追求整体配饰的协调感和完整感，在设计的时候已经考虑到着装者的性格特点、着装场合等因素，可以向着装者提供现成的配套着装，省去着装者自己搭配服装的麻烦。配套装饰图案设计一般突出一到两个服装单体的图案，其他配套服装单体上的图案与之呼应，形成统一。(图9-41)

3. 系列装饰

系列装饰图案是指一系列几套服装上的图案设计。系列装饰包括几种，一是在几套相对独立完整的服装上使用相同或类似的图案作装饰，图案作为系列元素使几套服装之间紧密联系、相互呼应，比如印花系列、团花系列等；二是在完全相同的服装款式上设计不同的装饰图案，比如婴儿系带内衣经常使用相同款式，只是变化满地花面料上的图案；三是在完全相同的服装款式上使用相同的图案，依靠变化图案的装饰位置和面积大小以及色彩来取得服装的变化，比如SNOOPY

图9-40　单件童装中的装饰图案

同款深蓝色连帽衫，每一件服装上 SNOOPY 图案的色彩、大小都不相同，而且放置在不同的位置，服装之间就有了较为明显的区别。（图 9-42）

图 9-41　童装经常上下装使用相同的装饰图案

图 9-42　品牌童装中常用系列装饰图案

本章小结

图案是童装设计中非常重要的内容，常常会成为一件童装的设计重点，成为吸引儿童消费者的所在。图案在童装上的应用可以淡化服装的造型与结构因素，运用得体的图案有时可以与造型、结构等因素平分秋色，尤其是把比较有特色的服饰图案作为设计重点时，服装的造型和结构可以相对简洁一点，不必像完全依靠造型和结构取胜的服装那么讲究造型和结构的严谨性。童装图案的纹样形式、色彩变化、工艺特色、应用位置不同，对服装会有不同的装饰作用，童装图案通常装饰在服装的显眼部位，设计要根据不同年龄、性别和兴趣爱好来选择，本章讲解了童装图案设计原则、取材、分类、常用工艺以及在服装上的构成形式和运用形式，由于图案在童装设计中的重要性和特殊性，每一部分都应该充分掌握。

思考与练习

1. 童装图案选择与儿童生理和心理特点有何联系？
2. 童装图案设计应该如何与童装服饰整体风格相协调？
3. 设计一个图案形象，构成形式不限，尝试用不同的运用形式运用于童装中，观察其运用效果，平面款式图或简单着装效果图表现。
4. 与装饰手法或童装部件设计结合为童装设计一个实用性图案，尝试制作，工艺、形式等不限。

第十章 典型童装设计

童装的种类非常多,从大的外套、裤装、裙装到小的袜子、手套、发式等都属于设计师的考虑范围。但有些服装品类在童装中出现或穿着频率较低,或者属于不太重要的从属地位,而有些童装品类却是童装中出现频率非常高的款式,是儿童生活中最常见的款式,这些品种、款式就是儿童经常穿用的比较有代表性的典型款式。童装设计师对这些童装品类的设计和应用必须有很好的了解和把握,才可能设计出较好的童装作品。我们在这一章按其类别对典型童装设计进行分析。

第一节　儿童日常装设计

儿童日常装是儿童日常生活穿用的服装。由于天气经历春夏秋冬不同冷暖程度的变化，儿童着装也会随天气的变化而进行厚薄长短的变化。大多数服装公司都是分春夏和秋冬两次进行产品设计，我们也按照春夏和秋冬进行分析。儿童日常装中有很多儿童牛仔服装和儿童针织服装，但儿童牛仔服装和儿童针织服装是童装的两大主要类别，我们在后面单独列出进行设计分析。

一、裙装

裙装是女童春夏季最普遍的服装品种之一。裙装按是否上下装连在一起可分为连身裙和半身裙、背心裙；按长短可分为长裙、中长裙、短裙和超短裙。裙装是各个年龄层儿童都适合穿用的款式。

（一）连身裙

连身裙有腰节和无腰节之分，有腰节的连衣裙通常在腰部上下使用横向分割线，能感觉到腰节的存在；无腰节裙上下装的衣片是完整的，腰部没有横向分割线。有腰节的连衣裙按腰节线的高低又可分为高腰节裙、中腰节裙和低腰节裙。一般年龄偏小的儿童和体型偏胖的儿童比较适合无腰节裙和高腰节裙，而且通常选用下摆张开的A型裙，裙片还可以使用各种褶裥的设计，腰部宽松舒适且能遮挡住腹部，还能体现低龄儿童活泼可爱的特点；年龄偏大的女孩则适合穿有腰节的裙子，腰节线大都在腰部，通常会采用收褶或捏省处理，到了少女时期，背长加长，胸部凸起，腰围变细，开始适合穿着带有公主线的裙子，这样会显出腰身，显得修长、优雅；低腰节裙适用面比较宽，腰腹部有一定余量，穿着时间较长。

此外，吊带裙也属于连身裙的一种，是女童夏季最常用的服装款式，其特点是没有领子和袖子的设计，在肩颈部仅有吊带设计，吊带的变化丰富多样。（图10-1）

图10-1　各种儿童连身裙

（二）半身裙

半身裙按长短也有长裙、中长裙、短裙和超短裙之分；按外形分有直筒裙、喇叭裙、灯笼裙、A字裙、圆台裙等；按结构分有两片裙、三片裙、四片裙、八片裙等；按工艺分有百褶裙、对褶裙、波浪裙、绣花裙等；按是否上腰分有连腰裙、无腰裙；按腰节高低分为高腰裙、中腰裙、低腰裙；按腰部松紧还可分为宽腰裙、窄腰裙。

半身裙也是女童春夏季穿用较多的服装品种之一，在设计上可以进行许多的变化设计，比如使用异料镶拼、蕾丝花边等，与上衣、衬衫、薄外套配穿会产生不同的效果。裙装面料一般选用棉织物、棉混纺织物、化纤混纺织物、毛混纺织物以及针织织物等。春夏季裙装使用上述面料种类中的薄型面料；裙装也可在秋冬季穿着，秋冬季则使用厚型面料，秋冬季裙装里面一般配穿棉毛衫、裤。（图10-2）

图10-2 各种儿童半身裙

二、裤装

裤装是男女儿童四季着装中最普遍穿着的服装品种之一。裤装品种按长短可分为长裤、九分裤、七分裤、中裤、短裤；按外形可分为直筒裤、喇叭裤、萝卜裤、灯笼裤、背带裤等。儿童裤装款式设计一定要注意结构的牢固性和活动的宽松度，鉴于儿童喜欢爬、坐的特点，经常会在臀部、膝盖部使用拼接设计，腰腹部有足够的余量可以使儿童自由地跳跃翻滚，腰部多使用扁平松紧带。儿童裤装面料一般采用全棉织物、棉混纺织物和化纤混纺织物等，如弹力呢、莱卡棉、灯芯绒、牛仔布。春夏季裤装选用薄型面料，秋冬季选用厚型面料，与上衣、衬衫、T恤衫、外套搭配。现在还出现了一种空气层裤子，其特点在于：裤身为双层，双层间被分隔条分隔成各自封闭的中空空气层，结构合理，打破了传统的设计思维，可使人体热量的传递速度减缓，必要时，同样可在空气层内加入各类保暖、隔热的纤维，集保暖、轻便于一身，穿着舒适。（图10-3）

三、衬衫

衬衫是儿童春夏季着装中主要的上衣品种之一，可与裙子或裤子配穿。衬衫品种有长袖衬衫、中袖衬衫、短袖衬衫和无袖衬衫等。基本款式为开衫，领子有衬衫领、船形领、立领、花边领、海军领、波浪领等各种领型。男童衬衫多借鉴男装直身形、各种小翻领的设计，面料以各种印花

面料和格子面料居多，女童衬衫面料以各种小碎花面料和淡雅的单色面料居多，儿童衬衫常采用棉织物、棉混纺织物、丝织物和丝混纺织物等面料。(图 10-4)

图 10-3 儿童裤装

图 10-4 儿童衬衫

四、T 恤衫

T 恤衫是儿童春夏季常穿用的上衣品种之一,可与裤子或裙子搭配穿着。T 恤衫分为长袖、中袖和短袖等。大多使用圆领、翻领和 V 领。儿童 T 恤衫主要使用全棉针织物和丝混纺针织物等,如单面平纹面料、双面平纹面料、珠地面料、提花面料,还有印花面料、条纹面料等。儿童 T 恤衫经常使用图案,如印花图案、贴布绣图案、珠绣图案等,各种各样颇具特色的图案深受儿童喜爱。T 恤衫中也有一种无领无袖的款式,肩部设计较宽的通常叫背心,男女童皆可穿用,肩部较窄甚至仅有一条带状设计的称为吊带衫,是女童夏季常见款式,吊带的变化同样非常丰富,经常会有各种装饰设计。(图 10-5)

图 10-5 儿童 T 恤衫

五、夹克

夹克是男女儿童均可穿着的短上衣。其基本款式特点为:衣长在腰部或臀部位置,设有收紧的下摆;外部造型为上身膨鼓,下摆和袖口有收紧设计;在领口、袖口、底摆大都有罗纹针织饰边;前门襟有拉链式、按扣式、搭门式;领子可以使用翻领、连帽领等,连帽通常叫风帽,可有明风

帽和暗风帽之分;还经常使用辑线设计。夹克根据季节可单夹克、衬里双层夹克和绗缝棉夹克、皮夹克。面料可采用斜纹布、帆布、牛仔布、经过水洗磨毛整理的织物及皮革面料,很多面料有防水涂层,防水压风,锦纶等化纤面料居多,年龄偏小的儿童夹克以各种棉质面料为主。(图 10-6)

图 10-6 儿童夹克

六、羽绒服

羽绒服是儿童冬季常穿的日常休闲服装。内有鸭绒、鹅绒等填充物,其款式设计以宽松型

图 10-7 儿童羽绒服

为主，在腰部和手臂处有宽松的余量，以方便儿童在里面穿其他的服装或者便于活动；袖口、脚口和底摆多使用绳带、罗纹、搭扣等收紧式设计以防风防雪，但为了使设计更时尚一点，也有直身形敞开的款式。羽绒服还有一种较为特别的种类称为滑雪衫，是指儿童滑雪专用的羽绒服，其样式有与滑雪裤组合的样式和衣裤连在一起的连裤装样式，其设计更要考虑腰部和肘部、膝盖处有足够的活动量。羽绒服一般采用具有防水、防风、保温性好但又能透气的材料，如锦纶织物、熔喷法非织造过滤布等新型面料。羽绒服尤其是滑雪衫一般都有配套的配件设计，如帽子、手套、围巾、棉毛袜、防风镜等。（图10-7）

七、派克服

派克服是衣长至膝盖以上的外套，一般带有连身帽，款式为前开襟。开襟处多配有袢式搭扣或套结纽扣。一般使用梭织的涂层织物、涤纶缎纹织物、混纺面料、厚实的粗纺斜纹布和硬挺的牛仔面料以及针织面料等制作。这类外套适合各个年龄的儿童外出穿着，款式大方休闲、宽松舒适，是儿童秋冬季常用的服装品种之一。（图10-8）

图10-8　儿童派克服

八、夹棉外套

夹棉外套也是儿童冬季经常穿着的服装品种。尤其是在初冬天气还不太冷的时候，一般外套不足以御寒，穿羽绒服等过于保暖的服装又觉太早，这时候夹了一层薄棉的外套很适合儿童穿着。很多夹棉外套在款式上借鉴羽绒服和派克服的款式。夹棉多为腈纶棉，面料以涤纶、锦纶织物等化纤面料居多。很多面料也有防水涂层，防水压风，也使用一些熔喷法非织造过滤布等新型面料。（图10-9）

九、睡袋

睡袋的适用年龄范围很窄，仅限于婴儿，防止婴儿睡觉时蹬被子。睡袋多为直筒式袋状形，款式为一件式，有系带或拉链设计，将婴儿平放在里面，非常宽松，婴儿的身体可以活动。也有的睡袋有加袖子和连帽的设计，袖子也是直筒状，而且比较长，用以保暖或以防婴儿的手伸出抓

伤自己的脸。袖口有敞开式设计和收紧式设计,连帽也是松松的。(图 10-10)

图 10-9 儿童夹棉外套

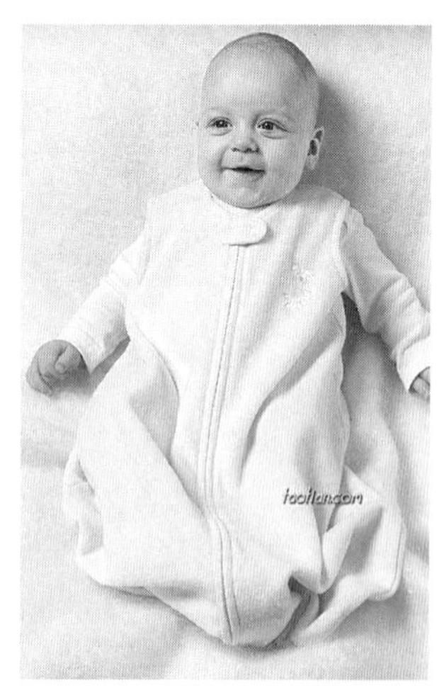

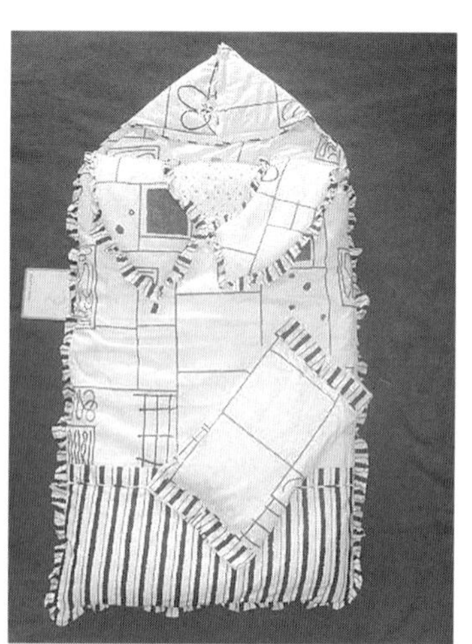

图 10-10 婴儿睡袋

十、大衣

大衣是儿童防风防寒的服装,是从幼儿起一直到少年冬季外出必备的服装之一。衣长大多在膝盖上下,也有某些短款大衣;造型大多使用上宽下窄的 A 型和直身式的 H 型,有时也会有造型独特的设计;结构上有断开式和连身式;大衣的袖窿相对深一些,插肩袖、装袖和连身袖都可使用。儿童大衣的面料可采用毛纺织物、混纺织物、防水锦纶织物和棉织物、细薄的精纺织物、厚实的粗纺织物以及硬挺的牛仔面料等。(图 10-11)

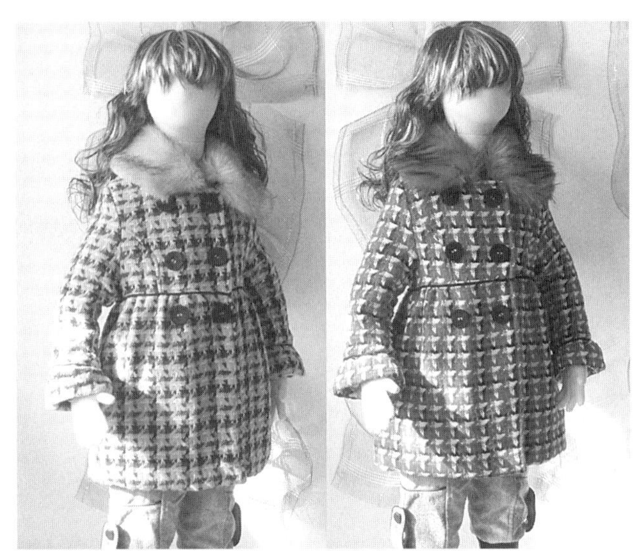

图 10-11　儿童大衣

十一、背心裙

背心裙也是女童连衣裙的一个特殊类别,其上装为背心式,其他设计元素与连衣裙相似,造型上有高腰节、中腰节、低腰节之分,也有直筒裙、喇叭裙、灯笼裙等样式。背心裙是女童秋冬季经常穿用的服装,一般穿在衬衫和毛衣外面,后片肩部向上通常加一定的宽松量宽松量要根据面料的厚薄和里面穿衣量的多少而定,侧缝处为防止过于宽松,要根据款式和面料缩减一定尺

寸。面料一般使用稍厚一点的全棉织物、棉混纺织物、化纤混纺织物、毛混纺织物、毛织物、牛仔布或绗缝面料等。穿着时因与其他配在里面的服装搭配穿着，因而可以从款式、色彩和面料等方面搭配出多种着装效果。（图 10-12）

图 10-12 儿童背心裙

十二、马甲

马甲是一种没有袖子的上装，其造型可以借鉴 T 恤衫、夹克、风衣、夹棉外套、普通西装或休闲西装，由此可以变化出各种不同造型的马甲款式。大多数马甲是休闲装，设计比较随意，与西装正装搭配的马甲是相对比较正式的服装款式，设计比较规范。马甲也有单马甲和棉马甲之分，单马甲可以分为单层马甲或者带夹里的马甲，棉马甲则是在里面添加腈纶棉、羽绒等填充物。（图 10-13）

图 10-13 儿童马甲

十三、卫衣

卫衣是一种比较厚的针织运动服装、长袖运动休闲衫，面料一般比普通的长袖服装面料要厚，袖口通常紧缩有弹性，衣服的下摆和袖口通常使用相同的面料。卫衣能兼顾时尚性与功能性，融合舒适与时尚，成了各年龄段儿童运动休闲的常备服装。众多童装品牌都在推出形形色色款式和图案的卫衣，卫衣有套头式设计和普通开门襟式设计，通常较宽松，有连衣风帽设计，腹部位置多有两个浅斜口袋，可以是大贴袋、暗袋或插袋，袖子经常使用插肩袖。（图 10-14）

图 10-14　儿童卫衣

十四、休闲西装

休闲西装是日常装的一种小外套，结合西装和休闲装的款式设计要素，面料经常选用全棉、棉混纺、牛仔、皮革或其他较为休闲时尚的面料，口袋类别没有太大限制，经常使用贴袋，也使用插袋和挖袋，有时使用明辑线，底摆可以是圆摆或直摆，衣长到臀部或者腰部，图案造型和制作工艺可以比较夸张随意。（图 10-15）

图 10-15　儿童休闲西装

十五、风衣

风衣是每年秋冬季节比较常见的外套款式。风衣比较注重剪裁，风衣的款式基本上可分为两大类型，一种是直线剪裁的直身型，这种风衣穿在身上完全呈垂直落下的样式，另一种则略带 A 字型，即下摆处比上半身宽大的造型。风衣的设计多使用扣子，可以是单排扣或双排扣，也有使用拉链的设计，肩部经常使用育克设计、过肩设计或披肩设计，而且风衣经常在腰间系一条腰带。风衣的衣料材质选用非常广泛，低龄儿童的风衣经常使用全棉或棉混纺面料。（图 10-16）

图 10-16　儿童风衣

十六、组合童装

组合童装设计是指将上述服装品种进行搭配设计，使之在购买时已经可以配套使用。组合童装是童装设计中常用的形式，如上下两件套的套装、T 恤衫与短裙或短裤搭配、衬衫与裤子或裙子搭配，短袖上衣与背带裙搭配等。婴幼儿的服装最常用组合形式，多使用全棉面料，单层或使用夹层设计。儿秋冬季着装还可以在内外装之间组合出层次，比如，毛衫、裙子与外套搭配，衬衫、背心裙与小外套搭配等。此外，还可以根据需要和设计目的，将服装与服饰品进行配套组合设计，如设计运动装，除上下装配套以外，还可以搭配好帽子、鞋子、包袋等。组合服装可以交叉搭配穿着，形成多种穿法，穿出多种效果。（图 10-17）

十七、连身衣

连身衣是婴儿主要着装形式，也是年龄偏小的幼童常见的着装形式，俗称“爬爬装”、“哈衣”。连身衣是婴幼儿时期特别是婴儿期的着装，有其年龄段需求的特殊性。连身衣基本款式

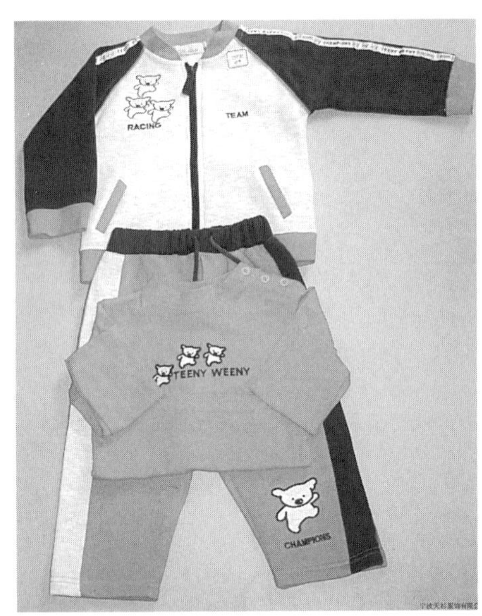

图 10-17 组合童装

为衣、裤连在一起，袖子有长袖、短袖和类似背心式的无袖，长袖连身衣较多使用插肩袖和连身袖，使婴儿肩部有足够的活动量，领子常用圆领、V 领或连帽领；下半身为短裤或长裤设计，腰腹部有足够的加放量看上去圆鼓鼓的非常可爱；前开襟且一直开到裆底，也有在裆底横开的款式，使用拉链或纽扣闭合，裤裆低且肥，以便放尿布，有时也使用后开襟，无袖连身衣有时不开襟，而是在双侧肩部使用肩扣。连身衣裤可使婴儿活动时不会露出肚子而着凉。婴儿连身衣的面料主要采用全棉针织物和弹力织物，如厚平针织物、绒棉面料、弹力呢、小碎花、条纹、提花等面料。秋冬季连身衣可在领口、袖口及脚口处使用针织罗纹设计，手脚部分还经常连接手套和脚套。(图 10-18)

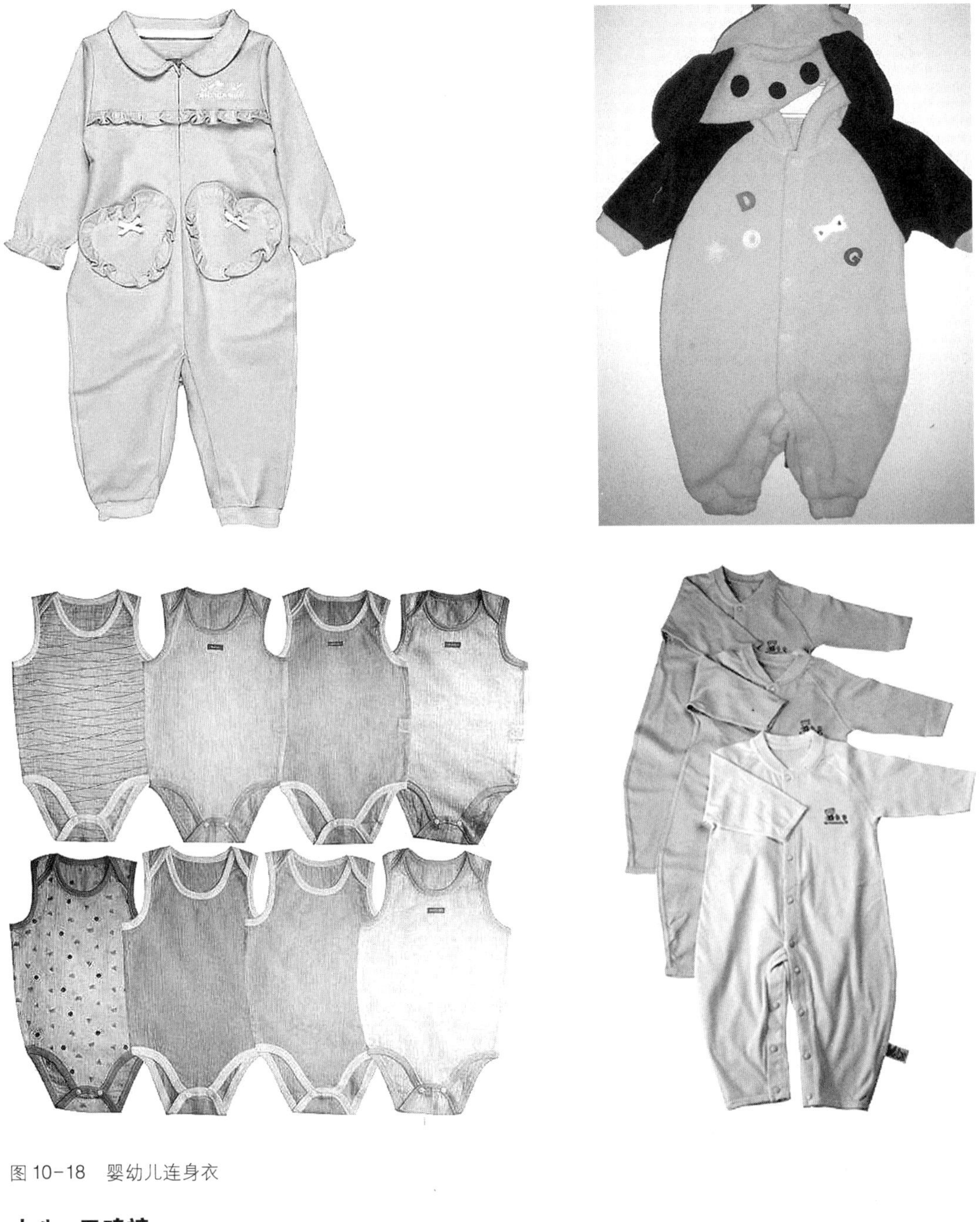

图 10-18 婴幼儿连身衣

十八、田鸡裤

田鸡裤通常又叫阳光裤，属于连衣裤的一种，只不过它是短袖短裤，服装的造型采用无袖或吊带连身衣的造型，很像青蛙，故称田鸡裤。田鸡裤是婴幼儿夏季的主要服装，婴幼儿穿上下分开的服装，腰腹部会有上下装交错的叠层，在炎热的夏季会比较热，而且下装的腰部过松穿不住，过紧会影响婴幼儿腰腹部的发育，而且婴幼儿在活动时下装的腰部特别容易下滑，腹部露出

容易受凉，田鸡裤连身的设计既可以遮住肚脐以防婴幼儿受凉又比较凉快。为了更凉爽，有的田鸡裤没有背部的设计，整个上半身像肚兜，腰背部使用绳带系住，腿部只有较窄的一条布条套在双腿上起固定作用。（图10-19）

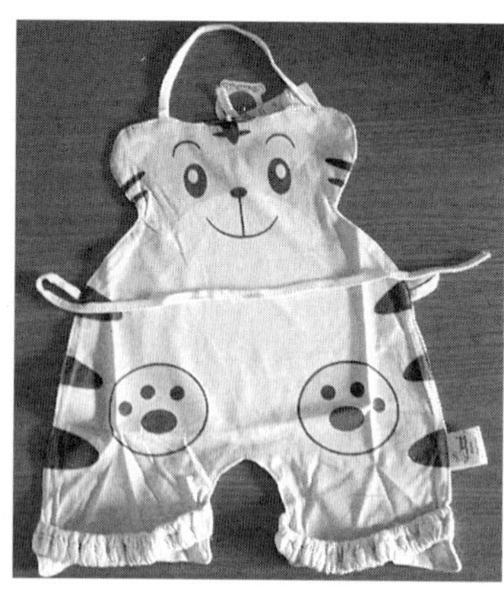

图10-19 婴幼儿田鸡裤

十九、抱被

抱被是专为婴儿设计的出于保暖和处理大小便方便需要的一种特殊服装。抱被基本造型为长方形或正方形，通常会在一个角部有帽子，中间用布带扎起来，抱被背部、帽子中间或其他部位经常会使用漂亮可爱的图案。现在也有很多新颖的多功能的抱被，有的抱被既可以当抱被，又可以当睡袋，帽子中间有拉链可以拉开，下半部是U形拉链，拉上时就是睡袋，拆下来里面是个抱被；还有的抱被集睡袋、抱袋、长袍为一体，睡袋加长部分可取下，帽子可做小枕头，拉上拉链就是帽子，还可拆卸其袖部、头部、脚部，安全方便。抱被有单棉之分，春夏用单抱被通常使用较薄的面料，秋冬季棉抱被会使用较厚的绒类面料或夹棉面料，面料均为全棉面料，手感柔软，保暖性好，透气吸汗。抱被在缝制加工时，尽量避免缝纫接头刺激婴儿肌肤。（图10-20）

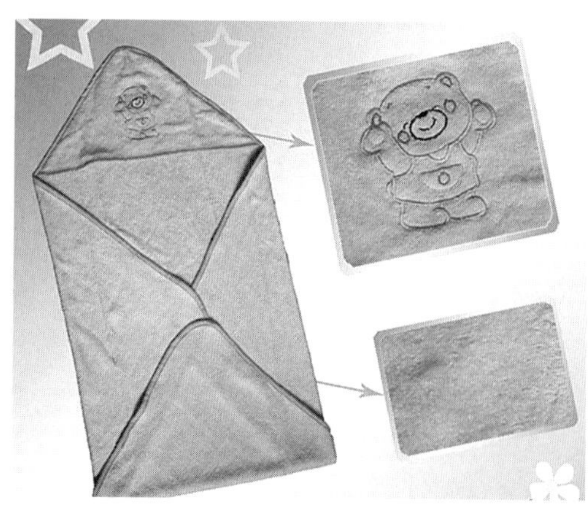
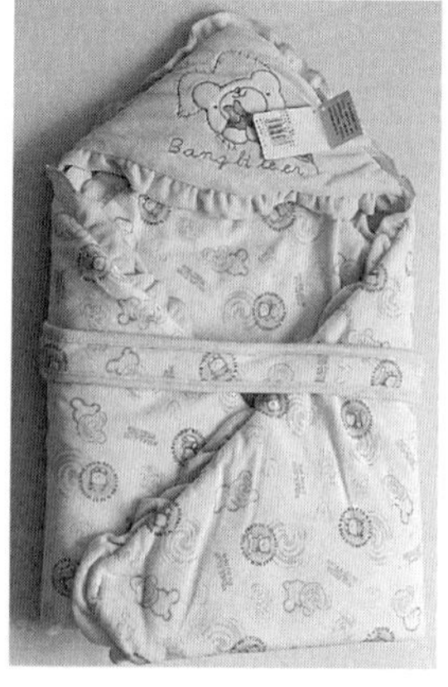
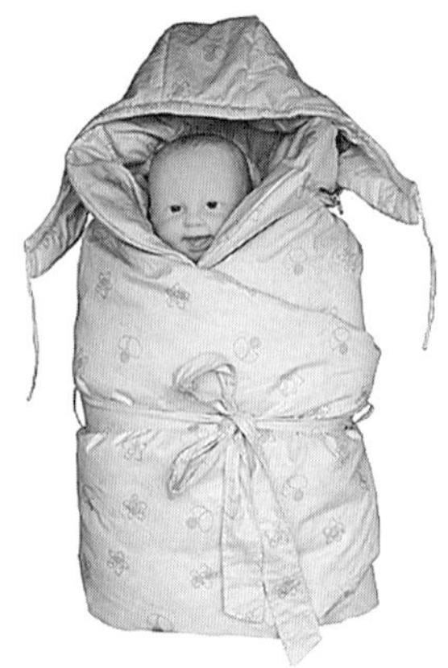

图10-20 各式婴儿抱被

二十、罩衣

罩衣也叫反穿衣，通常是年龄偏小的儿童在进餐、游戏、手工制作和出行时使用的穿在最外层的服装，目的是为了保护里面衣服的清洁。罩衣的传统样式为后开口系带，穿脱方便，实用性强，罩衣多为长袖，为了里面穿上衣服后不会太紧，肩部常采用插肩袖设计或连身袖设计，前身采用一片式衣片设计或使用分割线，也可以在底摆、袖口使用花边、抽褶装饰，袖口常使用松紧带，领部设计多为圆领无领，衣服前面通常会有一个或两个造型可爱的口袋设计，面料细腻柔软、吸水性强、耐磨、易清洗，经常还会使用花形活泼可爱的印花面料或者使用单色面料。（图 10-21）

图 10-21　各式儿童罩衣

二十一、肚兜

肚兜基本是婴儿使用的服装产品，基本款式特点是无领、无袖、无背部设计，只在前胸和腹部使用一片衣片的设计，使用带子挂在或系在脖子上，腰部两边使用带子从后面系住，肚兜是婴

儿夏季常用的服装，既可以起到凉爽的作用，又能遮住婴儿的腰腹部使婴儿不会受凉。婴儿肚兜使用柔软细腻的全棉面料，单层或双层设计，通常会使用一些绣花图案做装饰，传统肚兜的图案通常会选择一些寓意吉祥的图案和文字，比如绣上龙或凤代表男孩或女孩，绣上鱼寓意年年有余等。（图 10-22）

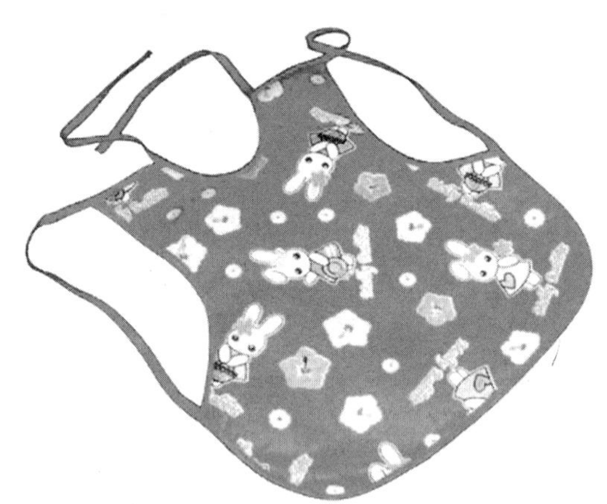

图 10-22　儿童肚兜

二十二、围涎

围涎也叫围嘴儿或者食饭衣，是婴幼儿吃饭时防止弄脏衣服而使用的一种特殊服装。围涎通常后面是空的，使用绳带设计挂在脖子上或系在腰背部，基本没有完整的领子，领围处通常是弧形自然的半圆形设计，有的围涎仅在前胸部位使用，大小如同一片手帕，使用一根封闭的带子直接挂在脖子上或两边各一根带子系在脖子上，也有围涎采用类似围兜、坎肩或罩衣的款式设计。围涎的面料以全棉面料居多，通常设计正反两面，正反两面都使用全棉面料或者正面使用全棉面料而反面是防水层设计，防水层可以防止婴幼儿吃饭时菜汁、果汁等弄湿里面的衣服。有的围涎直接使用塑料或其他防水面料。许多围涎还在底部有接饭兜的设计，防止掉落的食物残渣遗漏在服装上，方便清洗。（图 10-23）

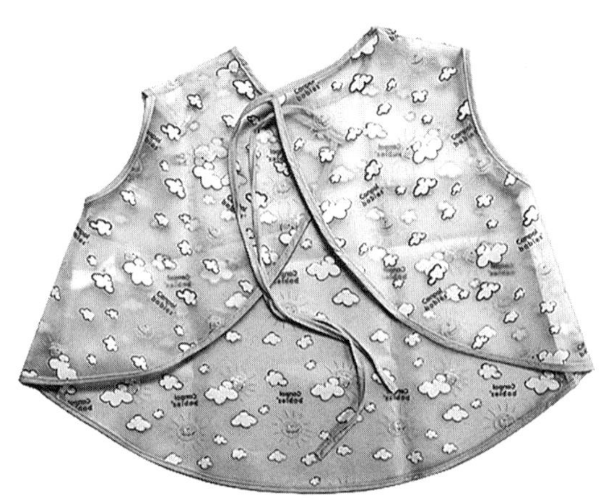

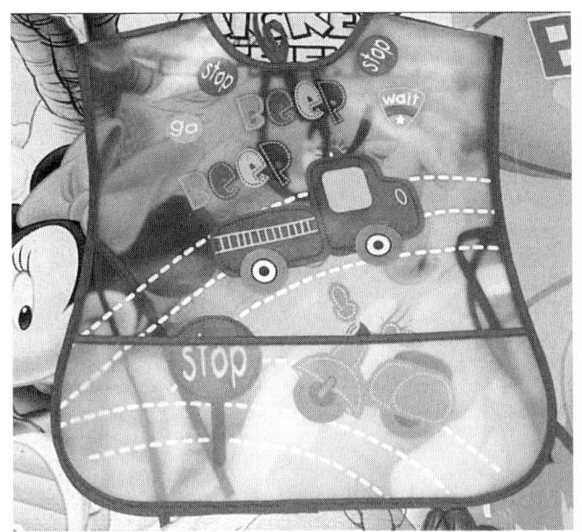

图 10-23 各式儿童围涎

二十三、披风

披风即披用的外衣,除了部分短披风有袖子设计外,传统披风的基本款式特点是无袖、颈部系带,披在肩上用以防风御寒,是儿童秋冬季使用的一种服装。短披风又称披肩,长度一般在胸腰部位;长披风又称斗篷,长度一般在膝盖部位或者长及脚踝,通常用于年龄较小的儿童,冬季披风可以像小被子一样把儿童整个包裹在里面,比较保暖方便,儿童披风经常使用连帽设计。传统的披风整件衣服使用一块完整的面料,比较现代时髦的披风为了使肩部更为合体,通常采用两片式设计、三片式设计,在肩部有侧缝,或在胸部做弧线横向分割 ,两片式设计多为套头设计,三片式设计通常在前门襟使用纽扣设计或系带闭合。使用披风时,手直接从底摆处或前门襟处伸出,也有披风在前面两侧有局部开口设计,手从开口处伸出。披风的面料经常选用各种柔软的绒类面料、全棉面料、绸缎面料或者毛皮,冬季披风还经常使用填充物以达到保暖效果。(图 10-24)

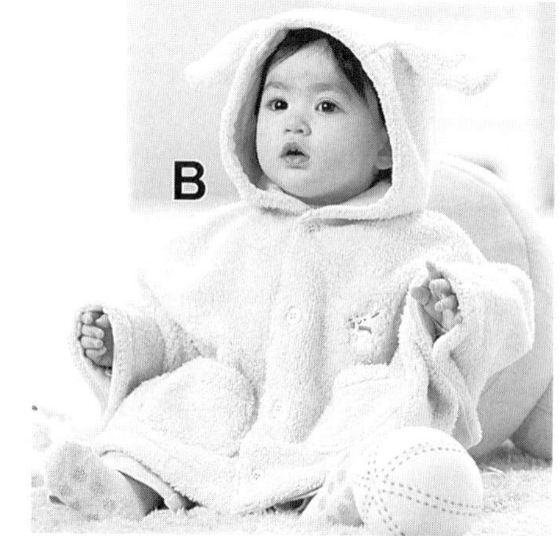

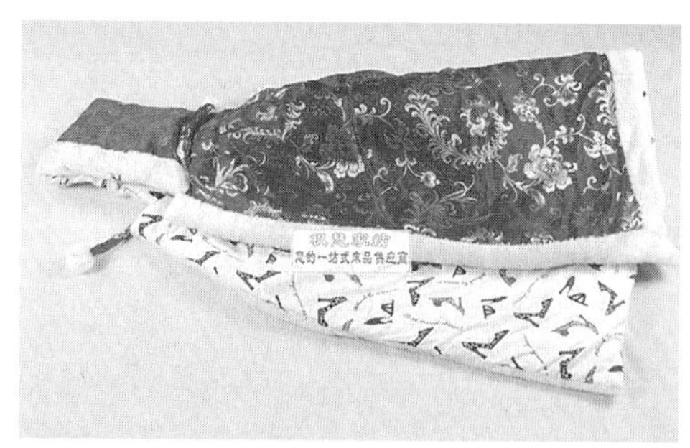

图 10-24 儿童披肩和斗篷

第二节 儿童牛仔服装设计

牛仔装是童装较大的品种种类之一，在这里单列为一个品种。鉴于儿童好动的特点和牛仔布耐磨的特性，牛仔布在童装里面使用非常广泛。通常牛仔装使用结实的劳动布、粗帆布、斜纹棉布、经丝光整理的棉与再生纤维混纺的缎纹牛仔布和粘胶纤维混纺的牛仔布等制作，根据季节可采用厚薄不同的面料。明缉线、双缉线是牛仔装特有的工艺，后处理技术在牛仔装设计中也是非常重要的特色，包括水洗、作旧、酶洗、扎染、套染和花式牛仔的出新工艺，改变了牛仔面料的外观和手感，使牛仔装有斑驳、粗犷、硬挺、结实、耐磨的特点，在童装中深受欢迎。

牛仔装的品种有牛仔套装、牛仔裤、牛仔裙、牛仔风衣及印花牛仔装等。

一、牛仔套装

牛仔套装是用统一的牛仔面料制作的上下分开式服装，有裤套装和裙套装。廓型多为直身

式,较多使用拼接设计,暗袋、插袋、贴袋等各式口袋都有使用,翻领较多,肩部经常使用育克设计。(图 10-25)

图 10-25 儿童牛仔套装

二、牛仔裤

牛仔裤是所有牛仔装中最大的一类。造型可分为直筒裤、喇叭裤、宽腿裤等,牛仔裤上经常使用一些较大的坦克袋、立体袋、大贴袋。牛仔裤可与衬衫、毛衣、T 恤衫、夹克以及各种外套搭配,穿着随意,耐脏耐穿,最受中学生喜爱。(图 10-26)

图 10-26 儿童牛仔裤

三、牛仔裙

牛仔裙是从幼儿到女中学生都常穿的服装之一。有半截牛仔裙、背带牛仔裙、背心牛仔裙等多种样式，牛仔裙也可以进行长短、分割、装饰、形状等多种变化设计。牛仔裙可与衬衫、毛衣、T恤衫、小外套等配穿，休闲而时尚。（图10-27）

图10-27 儿童牛仔裙

四、牛仔风衣

牛仔风衣相对显得老成一些，所以是大龄儿童的着装之一。牛仔风衣也可进行长短变化、内部分割、局部装饰、外形变化等多种设计。（图10-28）

图10-28 儿童牛仔风衣

第三节 儿童针织服装设计

由于针织物弹性大，透气性好，穿着舒适，所以在童装中使用非常广泛。针织服装是童装中最大的品种种类之一。针织童装是指以针织面料制成的童装，它既包括以针织布为面料制成的童装，也包括以编织的形式制成的儿童毛衫。针织童装设计最重要的是要掌握不同时期儿童的体态特征和心理特点。针织童装在追求舒适、方便、美观、实惠的基础上，对其功能性、实用性、美观性的标准更为明确。

通常情况下将针织童装分为儿童针织毛衣、儿童针织外衣、儿童针织内衣和儿童针织配件。

一、儿童针织毛衣

儿童针织毛衣是指用羊毛、兔毛、马海毛、驼绒等各类毛纱线或毛型化纤纱线编结的童装，俗称毛衣。毛衣是童装的一个非常大的品类，而且经常使用花色编织出各种各样的图案也是儿童毛衣的一大特色。

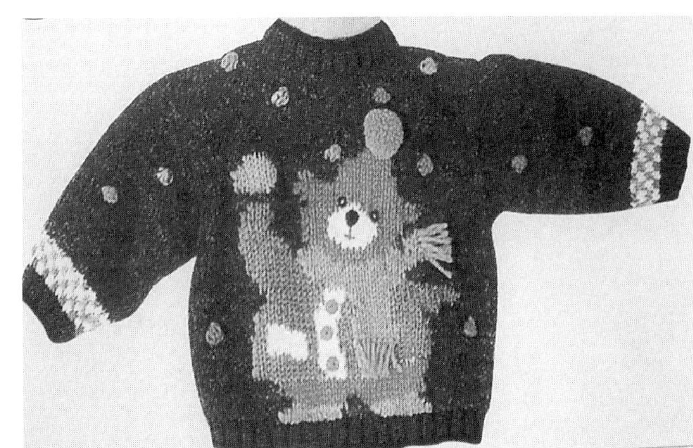

图 10-29 儿童针织毛衣

现在的儿童毛衣越来越趋向于时装化，品种极为丰富，款式、色彩、图案、针法随季节和流行的变化而不断更新。而且风格多样，粗犷休闲的，细腻优雅的，简单纯洁的或花哨活泼的。

毛衣分机织毛衣和手工编结两大类。机织毛衣通常在平型纬编机上生产，通过放针和收针，根据需要直接编织成形衣片，然后通过衣片的缝合制作而成毛衣，一般不需要经过裁剪。单排机能编织基本组织的织物，双排机能进行拼色编织，通常拼色比较规则，如色条和方格纹样等。提花机则可编织各种各样的花色织物；手工编结毛衣在儿童毛衣中是非常多见的，通常使用棒针手工编结而成，所以又叫棒针衫。相对于机织而言，手工编结更为灵活多变，它完全可以根据个人所好和设计要求自由变换花样针法，随意设计款式和图案，使毛衣赋予变化、个性十足。手工编结的毛衣通常有外套、旅游衫、套衫等。（图 10-29）

二、儿童针织内衣

儿童针织内衣是指穿在外衣里面、紧贴肌肤的针织童装。儿童针织内衣也有上下装之分，通常下装又叫内裤。与机织面料相比较，针织面料的手感好，弹性佳，透气性和吸湿性好，穿着舒适轻便，所以大多数儿童内衣都选择了针织面料。天然纤维类吸湿透气，保温性好，不刺激皮肤，分为丝质和棉质两种，儿童内衣中常用的针织面料有全棉针织布、丝织针织布等。（图 10-30）

图 10-30　儿童针织内衣

三、儿童针织外衣

随着针织技术的发展，儿童针织服装已不仅主要用作内衣，外衣的品种日益增多，而且越来越趋向于时装化。各种上衣、裙装、裤装、T 恤、大衣、套装纷纷面世。

儿童针织外衣面料对舒适性要求一般，通常以化纤纯仿、化纤与天然纤维混纺、或交织的针织花色布居多。但非常注重外观风格，突出挺括感和悬垂感，抗皱耐磨、不易勾丝和起毛起球等。针织外衣面料应具有良好的尺寸稳定性，因此，面料组织结构大多联系紧密，不易变形，如经编针织物、衬纬、衬经针织物等，同时还要讲究色牢度、色彩感和经洗可穿性。儿童针织外衣的款式紧跟流行，时髦多变。（图 10-31）

图 10-31 儿童针织外衣

四、儿童针织配件

作为与儿童针织服装或其他时装配套之用，儿童针织配件具有不可或缺的作用，甚至几乎成了必备品。儿童针织配件主要包括以下几大类。(图 10-32)

图 10-32 各类儿童针织配件

（一）针织帽

儿童针织帽有手工编结而成，也有针织布缝制而成。一般冬季用帽多为各类毛线、花式线编结，夏季则多为网眼布或其他针织布缝制。

（二）针织围巾

儿童针织围巾可根据不同服装风格进行设计，从针织面料的花色质地到款式变化不一，适合不同服装配饰的需要，可选用单色或花色、粗针织或细针织等。

（三）针织手套

针织手套按材料和织法可分为毛线手工编结、纱线机织或针织坯布缝制。儿童针织手套花色繁多，装饰性强，可厚可薄，尼龙、弹力丝、毛线均可使用；保暖用手套一般用比较厚实的针织布或纯毛线以及针织绒布。

（四）针织袜

儿童针织袜是花色品种最为繁多的针织配件。特别是与轻快活泼的少女装搭配时，针织袜的设计种类可为应有尽有，有弹力尼龙袜、毛巾袜、花样丝袜、卡普隆丝袜等，有连裤袜、高筒袜、中袜、短袜等不同长度之分，还有单面平针织、双面凹凸针织、单色或混色针织等不同花色变化。

第四节　儿童家居服装设计

家居服装是指儿童在家中休息和睡眠时穿着的服装，也是童装的一大品种。由于是在家中穿着，而且儿童在家中的时间很长，所以儿童家居服设计的首要因素是穿着舒适。家居服一般采用全棉织物，如细平布、泡泡纱、单双面绒布、色织布、毛巾布等；而且多使用有花纹图案的面料，如印有小碎花、卡通图案、小动物、植物的面料，家居服要根据儿童每一个年龄段的需要进行设计。儿童家居服品种主要有睡衣套服、睡裙、起居服等，婴幼儿还有围嘴、围兜等。

一、睡衣套服

睡衣套服是睡衣和睡裤分开穿着的样式。造型上大都是直筒宽松型，领型多为翻领和无领，使用贴袋，而且口袋上经常会使用比较夸张醒目的图案，前门襟多为开合式，使用纽扣和系带闭合，儿童睡衣套服主要依靠变化衣袖的长短和面料的厚薄来适应不同季节的变化需要。男童的主要家居服形式是睡衣套服。（图 10-33）

二、睡裙

睡裙是女童的主要家居服之一。款式非常宽松，一般不束腰，以套头式为主，常用无领圆领或圆角、方角小翻领，因为是女童穿用，裙身上经常使用皱褶、荷叶边、装饰条等设计，也常在衣身前后加育克设计。睡裙有长袖、短袖和无袖、吊带之分，从功能角度考虑，袖山较低，摆围适度，领口不宜太小、领围不宜太高，容易穿脱。长睡裙是女童一年四季都穿着的家居服。

（图 10-34）

图 10-33 儿童睡衣套服

图 10-34 儿童睡裙

三、起居服

起居服是穿在睡衣外面的衣服。起居服一般长至小腿 1/2 处，大多使用青果领、连身袖或插肩袖、大贴袋，开合式，腰间束带，面料以毛巾布和绗缝填充织物居多。（图 10-35）

图 10-35 儿童起居服

第五节 儿童内衣与泳装设计

儿童内衣与泳装设计是童装中相对比较特殊的服装类别。儿童内衣是童装中的重要内容，其对面料、设计、结构、工艺等都有较高的要求；儿童泳装由于其穿用率较低，则可能对装饰性有一定要求。

一、儿童内衣

儿童内衣是儿童穿在最里面的服装，内衣直接接触皮肤，须以保健为第一设计元素。儿童成长发育迅速，新陈代谢快，活动量大，所以内衣造型应不紧箍身体，面料适合采用全棉弹性织物，皮肤触感好，柔软细密，吸湿性强，保温性好。夏季内衣适合使用棉丝织物、棉针织布、细平布和棉加莱卡针织织物；冬季内衣适合使用保温性好的精纺棉织物和棉、丝等混纺厚针织物。儿童内衣经常使用印花面料或单色面料，面料图案多为各种小动物形象、卡通形象或日用品形象，活泼可爱。儿童内衣主要包括汗衫、内裤、长袖内衣、内衣长裤、棉毛衫裤等，具有保湿、吸汗、保持外衣清洁及形态自然的作用。汗衫、内裤等轻薄透气；长袖内衣和内衣长裤一般是上下装整套设计，多为春秋季穿着，所以俗称秋衣秋裤，冬季穿着可使用加厚面料或添加了填充物的绗缝面料；棉毛衫裤一般为双罗纹组织，厚实暖和，也适用于秋冬季节贴身穿着。儿童内衣款式可分为套头式和开襟式，婴幼儿套头式内衣经常会在一侧肩部有开口设计，婴幼儿开襟式内衣有的门襟在前中闭合，有的使用偏襟设计在一侧闭合，闭合方式为使用纽扣或扁平布带扣合。内衣还包括矫形内衣和装饰内衣，但是儿童内衣中非常少见，只是年龄较大的少女才偶尔使用。（图10-36）

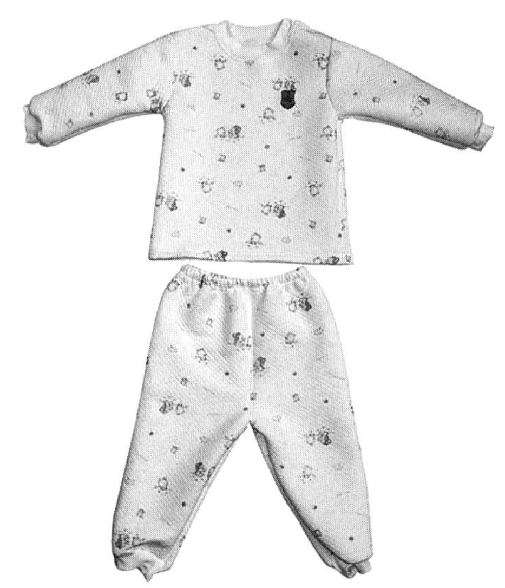

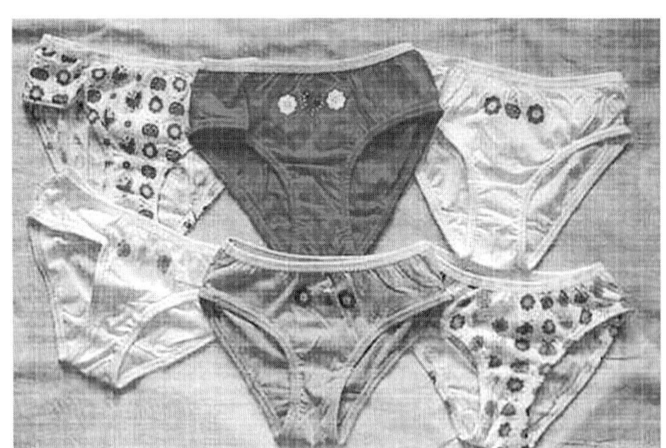

图10-36 儿童内衣

二、儿童泳装

儿童泳装是儿童游泳和在海滩上日光浴时穿着的紧身服装。多年来儿童泳装随着成人泳装样式而变化。现代儿童泳装分为两大类：一类是一件式即连体式泳装，其基本款式为背心式，圆领、方领或吊带，脚口有平角和三角；一类是两件式，基本款式是由小小的胸罩与小小的三角裤裤衩组成。设计时多选用有弹性、光滑的锦纶织物，多使用印花和素色面料，还经常使用花边装饰。（图10-37）

图 10-37 儿童泳装

第六节 儿童校服设计

儿童校服是指儿童上学穿着的服装，是由学校统一规定或专门设计的制服式的常备服装，主要适用于集会、礼仪与庆典等大型活动场合，是学校形象在服装上的表现。校服包括制服式校服和运动式校服两种。

一、校服设计原则

校服的设计除了童装特性的共同要求之外，在设计时还要注重考虑以下几方面原则。

（一）尊重校服的特点

校服是统一式服装，校服的重要特点就是经常以群体共同穿着的形式出现在人的视野中。它不仅可以反映一个学校的水平，而且可以反映一个地区整体的文化素质和服饰文化观念。因此在设计上要强调庄重严肃的特点，给人以整齐、严谨、安静的感觉。因此严谨大方的款式、端庄稳重的配色是校服的基本特征。

（二）反映学校的特征

校服的特点是整齐、严肃、大方，应以突出学校校训特色与团体特征为目的。不同学校的校服设计应该在保持校服特点的基础上尽量突出本校的特色，以显示与其他学校的区别，比如在色彩、装饰以及学校的徽标上。

（三）符合儿童的年龄

校服从年龄上主要分为小学生校服和中学生校服。校服设计也要跟儿童的年龄相符合。处于小学年龄段的儿童的身体与心理个性尚未定型，整齐规范的服装对儿童健康心理的成长与培养集体荣誉感方面有着无形的影响作用。小学生校服设计应表现儿童积极向上、勤奋努力和有纪律、有朝气的特点，在款式上和色彩的使用上要相对活泼明快，同时还要考虑小学生身体成长较快的特点，在围度和长度上做些巧妙的设计，可适当使用一些装饰图案，书包和其他配饰的造型可以不必太规矩，还可以使用卡通图案。中学阶段是一个人从童年走向成人的过渡阶段，在心理上向往成年人，个性独特，中学生校服设计一般都使用大方端庄又不失青春活力的款式、比较稳重的色彩，书包和配饰的造型、色彩也不要太花哨。

（四）注重配套设计

校服的特点就是整齐、严肃，因此校服设计一般都是非常注重配套设计的整体效果。校服设计基本上都是配套设计，一套校服一般包括上衣外套、衬衣、裤装或裙装、毛衣、领结或领花、帽子、书包、鞋子、袜子，甚至还有手套，而且还要分季节搭配，分夏季校服、春秋季校服和冬季校服，校服各单品之间风格统一、款式色彩协调，井然有序。

二、制服式校服设计

制服式校服设计可以借鉴西装，同时注意学生爱动的特点和着装环境，使其能适应学生站、坐等各种活动状态。例如，领口不要开得太低，应以稍露衬衣和领饰为宜；领角的设计要圆润、轻快，避免生硬老成，下装腰头设计不要过分夸张，以简洁的中腰为宜，西裤、裙装切忌包臀以免影响活动，女生裙子的长度以齐膝或略到膝上为宜。学校的徽标可以放在胸前、袖臂或领角做装饰。而且，校服的设计还要考虑根据季节的变化进行组合设计，学生可以自由搭配、灵活组合，从而使原本变化不多的校服种类通过组合搭配显得丰富一些。（图 10-38）

图 10-38　制服式校服

三、运动式校服设计

运动式校服多指学生们在校园内进行体育活动时所穿的服装，但是很多学校的日常校服也是运动式，运动式校服设计以体现少年的活泼天性为主，款式多样，色彩丰富，但要强调舒适、方便、美观、实用。夏装以纯棉针织面料的短衫、短裤之类；春秋装多以纯棉、运动领长套装为主，颜色以蓝、白、红、黑居多，两色组合的运动装较为普遍。有的运动式制服在腰、袖口、下脚口采用松紧形式，以便学生穿脱方便。

图 10-39　运动式校服

运动式校服在设计上要注意胸、肩、腰、臀的放松量，要适当加宽后背宽和大袖的宽度，减小袖山高度，适当加放腰、臀的宽松量。在缝制时要采用拉伸性好、强力大的包缝，起针、落针处要打倒回针，以防止线头脱散。在缝制时要注意上下布层的整齐和松紧。在图案的拼接处采用搭接缝，可减轻缝子的厚度，达到平整、美观的效果。服装廓形多采用 H 型和 Y 型，H 型简练大方，服装不但贴体适中而且便于孩子们的伸展活动；Y 型别致精巧，在给孩子们一个相当的伸展空间的同时能更进一步展现孩子们朝气蓬勃、活力向上的天性。（图 10-39）

校服的缝制工艺要注意实用性，线迹牢固，拉伸性好，结实耐磨。经常受到拉伸的部位要选用有弹性的线迹结构和缝线，以增强牢度，防止缝线拉断而出现断裂开缝的现象。

校服的材料多选择混纺织物，以耐穿、耐洗、耐日晒、保形性较好、穿着舒适的衣料为宜，不宜选用全毛织物。既要能保持挺括，同时又能透气。

第七节　儿童盛装设计

童装款式设计中还有一种具有儿童特征很强的服装称为“儿童盛装”，即适合儿童在各种喜庆场合穿着的服装。儿童盛装多用在儿童过节、过新年或者参加舞台表演、演奏会等各种典礼仪式，以及与家人一起参加礼仪性、娱乐性活动时需要穿着一套与日常服不同的盛装。

女童春夏季盛装的基本形式是连衣裙。学龄期至少女期的盛装通常采用西欧传统风格，即合体的上衣配以宽大的泡泡袖，收腰的长裙饰以蕾丝花边或荷叶边，裙摆较大，旋转时呈伞形，腰间系扎缎质蝴蝶结。色彩可纯净淡雅，如白色、乳白色、淡蓝色；也可使用热烈明艳、对比较强的色彩，如红色、紫罗兰色等。面料宜用丝绒、平绒、纱类织物、化纤仿真丝绸、蕾丝花边、绣花花边布等。也可采用天然纤维面料与化纤面料搭配使用的方法。如上衣选用真丝绒、下装配置罗纱，两者组合，实与透、柔与挺形成对比，相得益彰，相映成趣。男童盛装通常是西装款式。

盛装的设计十分着意于装饰，最常用的装饰是细褶、细裥、打缆袖、缀蕾丝花边、荷叶边、佩戴假花、胸针、蝴蝶结、缎带、领结扣、丝绳等。同时，从鞋、帽、小背包、手提包到服装的配套系列化设计，会更加增添盛装的装饰效果。女童盛装色彩可纯净淡雅，男童盛装可用沉着的深色，也可热烈明艳。一般是小童装色彩华丽、色泽高雅，大童装以黑色、暗红色、深褐色为主，白色的西服、燕尾服别有一种风格。面料多为薄型斜纹呢、法兰绒、凡立丁、苏格兰呢、平绒等。（图 10-40）

图 10-40　儿童盛装

本章小结

典型童装就是童装常见款式或品类，是市场上或品牌童装中最常出现的童装款式，也是儿童经常穿着的服装款式。对这些童装的常用样式、配色、面料选用、图案应用、装饰手法以及结构、工艺、搭配方式等，童装设计师都应该充分掌握，这样就基本解决了一般童装设计工作中的设计问题，就可以在童装企业产品策划和日常设计中应付自如。本章就这些童装典型品类、款式从以上诸多方面作了讲解。

思考与练习

1. 儿童日常装主要有哪些？设计过程中如何与儿童年龄、服装风格等因素相协调？
2. 常用儿童针织服装面料有哪些？分别适用于哪些童装？
3. 设计 5 款同一年龄段不同风格的儿童连衣裙。
4. 为中学生设计一套校服，着装效果图表现。

第十一章 童装系列设计

系列是表达一类产品中具有相同或相似的元素，并以一定的次序和内部关联性构成各自完整而又相互有联系的产品或作品的形式。在进行两套以上童装设计时，用相同或相似的元素去贯穿不同的设计，在每一套童装之间寻找某种关联性，这就是系列童装设计。系列童装设计强调系列中设计因素之间的关联因素，强调设计中形成的系列感觉。

系列童装可以形成一定的视觉冲击力。无论是服装专柜、商店橱窗或舞台展示，以整体系列形式出现的童装，以重复、强调、变化细节和各种元素产生强烈的视觉感染力，比单件服装的效果要强得多，可以刺激消费者的消费欲望。

第一节 童装系列设计的内容

童装系列设计首先也要遵循服装设计的5W条件，然后在此基础上根据具体设计要求完成设计的系列化。童装系列设计的内容主要包括设计主题、风格定位、品类定位、品制定位和技术定位。

一、设计主题

主题是服装精神内涵的表现和传达。主题可以对服装系列设计进行宏观的把握，无论是实用服装系列设计还是创意服装系列设计，都离不开设计主题的确定，这是设计开始的基础。有了设计主题，就为设计确定了明确的设计方向。主题的确定是决定设计好坏的关键，好的主题可以开启设计师的设计灵感，为设计注入新颖的内容。如设计主题是“花卉大全”，那么人的思维就会从各种花卉的形象中寻找灵感，再从中提炼出最能反映这一主题的元素进行组合，以此形成系列。

二、风格定位

童装系列设计中对服装风格进行准确定位也是系列设计成败的关键，不同风格的童装有不同的设计元素与之相适应。比如娇柔风格童装，可能会使用简洁优雅的造型，而在装饰细节上却颇费心思，比如蝴蝶结、抽褶、缎带、花边、刺绣等，只有进行了准确的风格定位才能在设计中明确具体的设计元素。童装设计进行的过程中对成组、成系列服装的风格的感觉、表现、控制和把握要一致。

三、服装品类

儿童系列服装在确定服装的设计主题和设计风格以后，还要确定系列服装的品种种类、系列作品的色调、主要的装饰手段、各系列主要的细部以及系列作品的选材和面料等。如设计系列是以裙套装为主，还是以裤装为主，或者是裙装与裤装的交叉搭配等；此外，是否需要配饰，配饰的材质、来源等都要考虑周全。

四、品质要求

品质要求决定儿童系列服装所用面、辅料的档次。在系列服装的主题、风格以及品类等确定以后，对服装的品质希望达到或者能够达到的要求做一个综合考虑，以此来决定使用什么样的面料、辅料或者是否使用替代品等。这是对儿童系列服装在成本价格上的限定，尤其在品牌童装系列设计中，是必须考虑的一个重要条件。

五、应用技术

应用技术是指决定系列设计所使用的加工制作技术。在进行童装系列设计时，要考虑到设计的技术要求以及是否能够在现有的条件下实现这种要求。尽量选用工艺简单又比较出效果的制作技术，创意系列设计要在可能实现的技术范围内才可自由发挥创造性，实用系列设计则一般是在流水线制作工艺的控制之下确定服装加工技术。

第二节　童装系列设计的形式

组成童装系列的形式有多种，主要有以下几种最常用的系列形式。

一、品类系列

品类系列童装是指从童装单品的角度进行系列划分，这一系列中的所有服装都是同一品类，这是品牌童装设计中经常使用的系列形式。比如裤装系列、衬衣系列、裙装系列、夹克系列、套装系列等，这些童装的风格、造型、工艺、装饰等可以相同或都不相同。（图 11-1，图 11-2）

图 11-1　儿童系列斗篷

图 11-2　儿童系列套装

二、款式系列

款式系列童装是指服装的款式完全相同或部分相同，以此形成系列的形式。以款式形成的系列童装包括三种形式：

一是廓型、细节都完全相同的系列，这种系列的服装一般也选择相同的面料，色彩变化是其变化的主要形式；（图 11-3）

二是童装的廓形完全相同或基本相同，在服装的局部结构上进行变化，使整个系列服装在保持外轮廓特征一致的同时仍然有丰富的变化形式，如领口的高低、口袋的大小、袖子的长短、

门襟的处理等进行变化与设计；(图 11-4)

图 11-3 款式完全相同的系列童装大多依靠变换色彩取得变化

图 11-4 廓型相同变化细节的系列童装

三是把童装中的某些细节作为系列元素，使之成为系列中的关联性元素来统一系列中多套服装。作为系列设计重点的细节要有足够的设计力度以压住其他设计元素，相同或相近的内部细节通过改变大小、颜色和位置使服装产生丰富的层次和美感。(图 11-5)

图 11-5 依靠细节的统一形成系列的童装

三、色彩系列

色彩系列童装是以一组色彩作为服装中的统一元素，然后通过色彩的渐变、重复、相同、类似等配置手法取得形式上的变化感。是运用色彩的纯度、明度、冷暖等变化去表现服装的设计，使服装既统一又有变化。

色彩有色相、明度、纯度之分，还有有彩色和无彩色之分。色彩系列可据此分为色相系列、明度系列、纯度系列和无彩色系列。（图11-6，图11-7，图11-8，图11-9）

图11-6　色彩系列童装

图11-7　色彩系列童装

图11-8　色彩系列童装

图11-9　色彩系列童装

四、面料系列

用面料组成系列的童装是利用面料的特色通过对比或组合去表现系列感的系列形式。此形式的系列表现中,造型特征可以不受限制,色彩也可以随意应用,全靠面料的特色来造成强烈的视觉冲击力,形成系列感。面料的特色有时比较鲜明,不论采用什么样的色彩形式和造型特征去表现,都具有较强的材料特点。例如,毛皮系列,其他构成要素再怎样变化,毛皮特有的材质感也会控制着整个系列的整体感觉。(图11-10,图 11-11)

图 11-10 面料系列童装

图 11-11 面料系列童装

五、工艺系列

工艺系列童装是指强调童装制作的工艺特色,把工艺特色贯穿其间成为系列服装的关联性。工艺特色包括饰边、绣花、打褶、镂空、辑明线、装饰线、结构线等。工艺系列设计一般是在多套服装中反复应用同一种工艺手法,使之成为设计系列作品中最引人注目的设计内容。工艺在系列服装上的应用,必须以主要形式出现,形成设计力度,成为整个系列设计的视觉点,这样再经过服装造型和色彩的配合,就能使服装有很强的系列感。(图 11-12,图 11-13)

图 11-12　系列 T 恤使用了相同的制作工艺

图 11-13　镶拼工艺使服装形成系列

六、图案系列

图案是童装设计中一个非常重要的设计元素，而且常常会成为童装的设计重点。成为童装系列元素的图案同样应该是服装中比较突出的元素，不能仅仅作为点缀而已。由于儿童对图案、动画、卡通形象偏爱的特殊天性，图案系列童装常常会成为儿童消费者的首选，比如米老鼠系列、机器猫系列童装，儿童一看见就会喜欢，就会指着服装对家长说出“我要米老鼠”之类的话。(图 11-14，图 11-15)

图 11-14　图案系列童装

图 11-15　相同的图案使服装系列感较明显

七、配饰系列

配饰系列童装是指通过与服装风格相配的服饰品来取得变化形成系列。用饰品来组成系列的童装大都款式简洁,配饰比较特别或者比较突出,突出服饰品装饰的作用,追求服饰风格的统一和别致。系列配饰可以是相同的,通过装饰位置的变化使得设计生动而有变化;系列配饰也可以是不同的,一般是在系列服装的外形、细节等基本一致的情况下,通过饰品的运用丰富设计,提高整体服装的审美价值。以此形式为系列设计时,配饰在服装中要达到较大面积的比重。(图 11-16,图 11-17)

图 11-16　服装风格相同的配饰使各种不同款式的服装形成系列

图 11-17　服装类似的帽子使服装具有系列感

八、主题系列

主题系列童装是指在某一设计主题指导下完成的主题性系列设计。主题是服装设计的主要因素之一,任何设计都是对某种主题的表达。服装是由款式、色彩、材质组合而成,三者要协调统一就得有一个统一元素,这个统一元素就是设计的主题内容。它使得设计围绕主题进行造型、选择材料、搭配色彩。如主题为"梦幻仙境",那么所有的构思与灵感都要围绕"梦幻仙境"的字眼,力求体现这个主题,然后根据自己的具体想法确定具体设计内容。比如 2009 春夏花卉大全主题童装,针对 2 ~ 8 岁女童,有非常柔美并有褶边装饰的礼

服裙、印花缎带装饰的短披肩、乡村风格的短裤搭配印花腰带、民族风格的多种图案连衣裙等。(图 11-18,图 11-19)

图 11-18 主题能统一不同色彩、品类的童装

图 11-19 主题系列童装

第三节 童装系列设计的过程

系列童装设计的过程不同于单品设计,它是对组成系列元素的宏观把握和局部调节的统一与协调,使单品服装既可以组成系列而又不失其个性特征。系列设计过程主要从以下几方面考虑。

一、确定系列主题和风格

同任何服装单品设计一样,系列设计首先也要确定服装的主题或风格,这是系列设计的大的思路,其他设计元素必须在主题或风格的控制之下进行。否则偏离了主题和风格的设计就像写作文偏题一样,其他设计再好也不是想要的符合要求的设计。

二、选定系列形式

当系列设计的主题、风格等确定以后，接下来就是要选定系列形式，确定是以造型款式还是用色彩或者其他形式组成系列。比如用造型组成系列，是用外轮廓进行统一呢还是用内部细节进行统一等等，所有这些问题必须考虑清楚，然后才可以根据系列形式来罗列组织素材，否则在设计过程中就会出现混乱，面对众多的系列要素时就会觉得无从下手，条理不清。

三、选定其他设计元素

系列形式选定以后就可以根据所确定的形式选定其他设计元素，从服装的面辅料、色彩的选择、结构工艺以及局部细节设计到服饰配件等的搭配都要根据选定的系列形式进行组织，系列要素一定要与服装的主题风格和系列形式相互协调。例如以珠绣图案作为统一元素来组织系列元素，在挑选面料时就要考虑到面料对珠绣图案的适应性，什么样的结构造型更适合珠绣工艺以及细节设计与配件是否与珠绣图案风格统一、布局协调等。

四、安排系列套数

系列套数的确定是系列量化的问题，也就是确定由多少套服装组成此系列，系列有大小之分，最少是两套，一般是三套或三套以上。系列的套数多少完全取决于设计任务的需要，小系列设计系列元素比较容易安排，系列感和视觉冲击力较弱；大系列套数较多，设计难度相对较大，对设计师的设计能力要求也高，但容易表现出强烈的系列感和设计感。系列设计还要考虑到展示环境。

五、整体画出设计图

所有的系列元素一经选定并在设计构思中进行了合理的组织安排后，就要用图稿的形式将每一款设计逐一画出，在画的过程中要注意服装整体系列感的表现以及系列元素的合理安排。

六、局部调整

一般情况下，在纸面上表达的设计与设计构思总会有差异，所以整体系列画完以后，还要看看每套服装之间的关联协调性是否真正达到理想效果，细节设计、布局安排是否到位，然后再根据设计意图进行局部调整，这样就会使设计更加完整统一。

第四节　童装系列搭配

系列搭配在童装实际设计中非常重要。如果是参赛服装，一般只有一个系列，只要按照系列设计步骤完成设计即可。但是对于品牌服装设计来说，系列设计的概念还不止是完成单一系列设计，还包括系列之间的搭配，这是品牌系列设计的重要内容。在品牌童装公司中，服装产品系列设计有时是相互并列，不分主次的；有时却是以某几个系列为主，其他系列是次要的辅助系列，因此系列搭配可分为并列系列之间搭配和主副系列搭配。

一、并列系列搭配

并列系列服装一般都是服装公司某一季度的主打系列产品。并列系列之间的搭配时首先要考虑单一系列的系列元素，然后在搭配系列中寻找关联性因素进行设计。比如，两个或几个主要系列采用装饰工艺风格统一的工艺手法，面料色彩等因素只要不互相冲突矛盾，搭配系列之间的服装单品就可以互相搭配。设计单品的可搭配性是品牌服装设计中非常重要的问题，每一个消费者都希望买回的服装可以与多件服装相配，既经济又可以搭配出多种服饰形象。因此品牌服装的主打系列产品设计中，应最大限度地考虑每一系列服装的可搭配性。

二、主副系列搭配

对于服装公司来说，除了几个并列的主要系列产品以外，一般还会有几个副系列产品，与主系列产品同一风格的副系列产品一般都要尽可能多地寻求与主系列产品搭配的各种可能性，副系列中的服装产品经常会用做主系列服装的配套产品，其设计中的某一部分经常会采用主系列产品中的设计，这样的设计最容易搭配，比如，一个系列为工艺装饰线系列，另一个可以与之搭配的副系列产品可以在面料上或色彩上与之相同。

服装系列搭配中搭配的系列越多，其设计越难以把握，这就要求设计师在熟悉多种服装构成要素的基础上，结合搭配的基本要求，就可以在系列之间进行横向、纵向或斜向交叉搭配。

本章小结

现代社会各行业都注重综合形象设计，系列化的着装方式已经越来越为人们所接受。儿童品牌服装大都很重视服装产品的系列化，一些实力较强的童装公司，在产品换季之初，往往以系列的形式向市场推出自己的产品。设计师在不同的主题设计中，从款式、色彩、面料等方面系统、紧凑地进行系列产品设计，可以充分展示系列童装的多层内涵，充分表达品牌的主题形象、设计风格和设计理念。本章主要讲解了童装系列设计的内容、形式、设计过程和系列搭配，童装设计师对系列童装产品设计的所有相关知识都要熟练掌握，对系列童装设计的掌握便于从宏观上把握童装企业一个季度的所有产品，做到产品多而不乱，这是在实际设计过程中非常实用的符合品牌童装实际运作的知识。

思考与练习

1. 品牌系列童装设计中,如何进行系列搭配?各自的侧重点在哪里?
2. 设计一个系列的实用童装,系列形式不限。

 要求:(1) 秋冬季节,结合流行趋势;

 (2) 消费群体为1~6岁儿童;

 (3) 设计套数不低于5套;

 (4) 目标品牌确定。
3. 请调查参观童装公司的一系列生产流程,结合所学内容,从一个设计师的角度进行分析,写成分析报告,字数在2000~3000字。

童装结构要点 第十二章

儿童是一个特殊的群体，儿童特殊的体型、成长的速度以及活泼好动的天性决定了童装结构有别于成人服装。童装结构设计有其特别的要点，比如童装长度和围度的测量及放松量的加放、号型规格及分档的标准、关键结构的处理以及不同年龄段童装的结构要点，对童装结构要点的了解是童装设计师进行童装设计时结构上的理论依据。

第一节　儿童各个时期的体型特点

服装结构与人的体型是密不可分的，因此，在研究童装的结构设计要点之前，必须要先了解不同阶段儿童的体型特点，因在第六章第一节儿童的年龄分段与特点中有了较为具体的介绍，这儿只做一个概述，不再详述。（图 12-1）

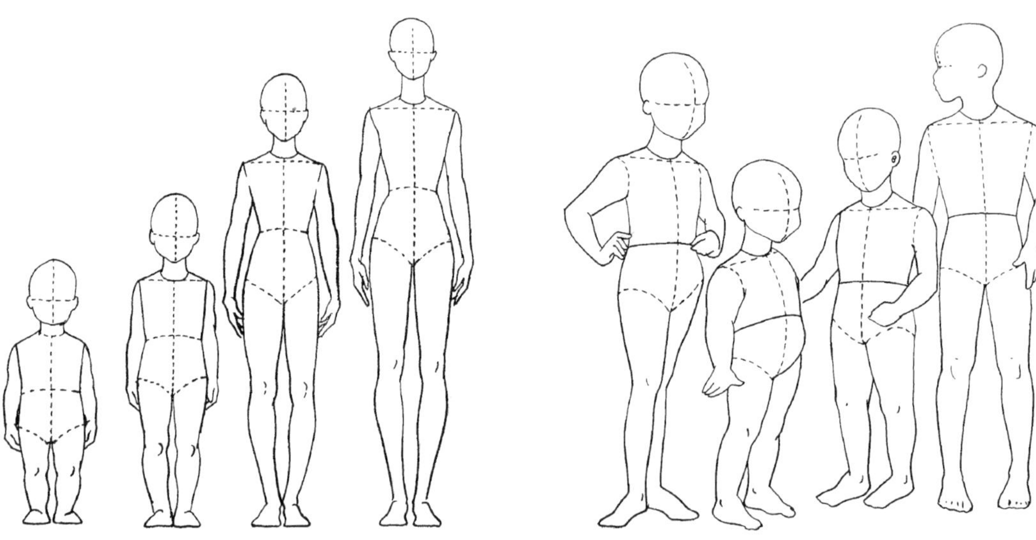

图 12-1　不同年龄段儿童体型图

婴儿期体型的身头比例约为 4∶1，与整个身体相比，头较大。胸围、腰围、臀围没什么区别。

幼儿期体型特征与婴儿很相似，头部大，颈部短，身体挺且腹部凸出，体型的身头比例约为 4.5∶1。

小童期整体的身头比例为 5∶1 ~ 6∶1。体型的特征是挺胸、凸腹、肩窄、四肢短，胸、腰、臀三围尺寸差距不大。

如图 12-2 中所显示，与成人体型相比，婴幼儿时期和小童时期儿童的体型特点比较明显。

中童期体型的身头比例已达到 6∶1 ~ 6.5∶1。此时，女孩的发育超过了男孩，并逐渐出现胸围与腰围的差值。

大童期少女的成长发育率有所下降，胸围、腰围和臀围三围之差较为显著，变成脂肪型体型；少男的身高、体重、胸围的发育均超过了少女，肩膀宽、骨骼

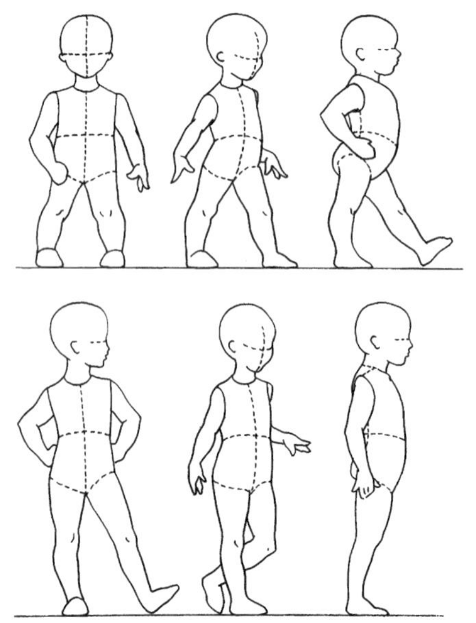

图 12-2　婴幼儿和小童体型图

与肌肉都迅速发育而变成肌肉型体型。其体型的身头比例为7:1～7.5:1,与成人体型区别不大,较匀称。

第二节 童装结构设计的参考要素

童装结构设计的参考要素主要包括服装长度、围度以及围度放松量。

一、童装长度及围度的确定

童装的测量与女装基本相同。但儿童好动,不易测量准确,测量时要以主要尺寸如身高、胸围、臀围等为主,其他部位尺寸通过推算或查找参考尺寸获得。需要注意的是,儿童的腰围线不明显,测量时一般以弯起肘部时肘内侧突出骨头的位置大体定位腰围线的位置。

(一)童装长度的确定

童装的长度是指衣长、裙长、裤长、袖长等,一般要根据具体的款式而确定。

1. 衣长

衣长一般可以在腰围线以上5 cm到膝关节以下长度不等。夏季的许多服装衣长在腰围线以上;短夹克和马甲大都在腰围线附近;一般的衬衫等上衣则多在臀围线附近;而短风衣、西装的长度多数在臀围线以下几公分;长大衣、长风衣则在膝盖以下。一般来说,童装的长度不宜过长,一方面衣长过长与儿童活泼的天性不符,另一方面也会妨碍儿童的运动。

2. 裙长、裤长

裙长、裤长可短至臀围线以下几公分,长至脚踝关节处。夏季穿着的短裙、裤长度大概在臀围线以下8～10 cm,而超短裙、短裤长度在臀围线及膝盖之间、一般的裙子、裙裤和背带裤等长度在膝盖上下;而长裙、中裤等长度在膝盖以下,同时注意裙长不宜过长,而普通的长裤长度在脚踝处,也可根据款式有一定的变化。

3. 袖长

袖长可以从窄肩、无袖至手腕处。无袖时袖窿弧线可以紧靠颈侧点甚至可以只有一根细带子。一般无袖时,袖窿弧线靠近肩点;短袖修长在肩点与肘部之间;中袖袖长在肘点与腕关节之间;普通长袖长度则到手腕处。

(二)童装的围度放松量

童装的成品尺寸要考虑儿童呼吸量和活动量,不同的品种需要加放不同的放松量,才能设计出合适的童装。不同的放松量对服装的造型产生很大影响,也会因具体款式的穿着季节和穿着对象等因素的不同而产生变化。但总的来说,既要表现款式的特点,又要穿着舒适,过紧不利于儿童身体发育,过松则同样表现不出儿童活泼的天性。

二、童装的号型规格

(一)童装号型系列

中华人民共和国国家标准GB/T 1335.3—2009《服装号型 儿童》(2009-03-19发布,2010-

01-01 实施，代替 GB/T 1335.3—1997）是在科学调查的基础上研究制定的国家标准。它根据儿童的体型特征，选择最有代表性的部位，经合理归并设置而成。国家标准《服装号型 儿童》规定了童装的号型意义、号型标志、号型应用和号型系列，科学易记，适应面广，覆盖面较大，基本符合国际童装标准。首先，号型的定义表明，该标准中的数据基本为儿童身体各部位的净体尺寸，而不是针对某一具体产品而作的限定尺寸。其中，“号”是指人体的身高，是表示服装长度设计和选购的参数；“型”指人体的胸围（上装）或腰围（下装），是表示服装围度设计和选购的参数。同时，童装标准中还明确规定了服装中必须标明号型，套装中的上下装分别标明号型。其次，号型标志具有简洁、易记、规范和信息量大等特点。号与型之间以斜线分开，分别标明该服装适合于身高和胸围（或腰围）与此号相似的儿童。例如上装号型 145/68 表明该服装适应于身高 143 ~ 147 cm，胸围 66 ~ 70 的儿童穿着。下装号型 145/60 表明该服装适用于身高 142 ~ 147 cm，腰围 59 ~ 61 的儿童穿着。为使国家标准《服装号型儿童》标准在内容上有系统性和完整性，新增加了婴儿号型标准部分。新增加的婴幼儿装的号型的“号”以 52 cm 为起点到80 cm 为终点，“号”以 7 cm 分档；身高从 80 ~ 130 cm 的儿童，“号”以 10 cm 分档；从 130 ~ 160 cm 的儿童，“号”以 5 cm 分档。

为了增强适用范围，童装标准号型系列以中间体型为中心，向两边依次递减或递增组成。童装号型系列设置标准如下：身高 52 ~ 80 cm 的儿童，身高以 7 cm 分档，胸围、腰围分别以 4 cm、3 cm 分档；身高从 80 ~ 130 cm 的儿童，身高以 10 cm 分档，胸围以 4 cm 分档，腰围以 3 cm 分档组成上下装的号型系列；身高 130 ~ 160 cm 的儿童，身高以 5 cm 分档，胸围以 4 cm 分档，腰围以 3 cm 分档组成上下装号型系列。

童装的号型系列为：身高 52 ~ 80 cm，号型系列为 7 · 4 系列和 7 · 3 系列；身高为 80 ~ 130 cm，号型系列为 10 · 4 系列和 10 · 3 系列；身高 130 ~ 160 cm，号型为 5 · 4 系列和 5 · 3 系列。

设计师也应以此为参照，按不同服装款式的要求增加放松量进行结构设计。

以下表格为不同童装号型系列。

表 12-1A　身高 52 ~ 80 cm 婴儿上装号型系列（单位：cm）

号	型		
52	40		
59	40	44	
66	40	44	48
73		44	48
80			48

表 12-1B　身高 52 ~ 80 cm 婴儿下装号型系列（单位：cm）

号	型		
52	41		
59	41	44	
66	41	44	47
73		44	47
80			47

表 12-2A　身高 80～130 cm 儿童上装号型系列(单位:cm)

号	型				
80	48				
90	48	52	56		
100	48	52	56		
110		52	56		
120		52	56	60	
130			56	60	64

表 12-2B　身高 80～130cm 儿童下装号型系列(单位:cm)

号	型				
80	47				
90	47	50	53		
100	47	50	53		
110		50	53		
120		50	53	56	
130			53	56	59

表 12-3A　身高 135～160 cm 男童上装号型系列(单位:cm)

号	型					
135	60	64	68			
140	60	64	68			
145		64	68	72		
150		64	68	72		
155			68	72	76	
160				72	76	80

表 12-3B　身高 135～160 cm 男童下装号型系列(单位:cm)

号	型					
135	54	57	60			
140	54	57	60			
145		57	60	63		
150		57	60	63		
155			60	63	66	
160				63	66	69

表 12-4A　身高 135 ~ 155 cm 女童上装号型系列(单位:cm)

号	型					
135	56	60	64			
140		60	64			
145			64	68		
150			64	68	72	
155				68	72	76

表 12-4B　身高 135 ~ 155 cm 女童下装号型系列(单位:cm)

号	型					
135	49	52	55			
140		52	55			
145			55	58		
150			55	58	61	
155				58	61	64

(二) 童装号型各系列控制部位数值

为使服装结构设计更标准,服装号型各系列都有控制部位数值(为净体数值),控制部位数值是设计服装规格的依据。如长度数值中的身高、坐姿颈椎点高、全臂长、腰围高;围度数值中的胸围、颈围、总肩宽、腰围、臀围。当设计者确定某一规格时,可以依此查出对应的控制部位的数值。我国"服装号型系列控制部位数值"与其他发达国家标准参考尺寸相比,其规范化与科学性仍显不足,数据不够详尽,甚至缺乏国际规范中的必要参数,诸如背长、立裆等尺寸。所以我国服装行业工作者通常要参考借鉴日本服装参考尺寸。以下为中华人民共和国国家标准 GB/T 1335.3—2009《服装号型 儿童》中规定的童装号型各系列控制部位数值,其中表 12-5 为身高 80 ~ 130 cm 童装控制部位数值(单位:cm),表 12-6 为身高 135 ~ 160 cm 男童服装控制部位数值(单位:cm),表 12-7 为身高 135 ~ 155 cm 女童服装控制部位数值(单位:cm)。

表 12-5A　身高 80 ~ 130 cm 童装控制部位数值(单位:cm)

号		80	90	100	110	120	130
长度部位	身　高	80	90	100	110	120	130
	坐姿颈椎点高	30	34	38	42	46	50
	全臂长	25	28	31	34	37	40
	腰围高	44	51	58	65	72	79

表 12-5B　身高 80 ~ 130 cm 童装控制部位数值(单位:cm)

上　装　型		48	52	56	60	64
围度部位	胸　围	48	52	56	60	64
	颈　围	24.2	25	25.8	26.6	27.4
	总肩宽	24.4	26.2	28	29.8	31.6

表 12-5C 身高 80~130 cm 童装控制部位数值(单位:cm)

下装型		47	50	53	56	59
围度部位	腰围	47	50	53	56	59
	臀围	49	54	59	64	69

表 12-6A 身高 135~160 cm 男童服装控制部位数值(单位:cm)

号		135	140	145	150	155	160
长度部位	身高	135	140	145	150	155	160
	坐姿颈椎点高	49	51	53	55	57	59
	全臂长	44.5	46	47.5	49	50.5	52
	腰围高	83	86	89	92	95	98

表 12-6B 身高 135~160 cm 男童服装控制部位数值(单位:cm)

上装型		60	64	68	72	76	80
围度部位	胸围	60	64	68	72	76	80
	颈围	29.5	30.5	31.5	32.5	33.5	34.5
	总肩宽	34.5	35.8	37	38.2	39.4	40.6

表 12-6C 身高 135~160 cm 男童服装控制部位数值(单位:cm)

下装型		54	57	60	63	66	69
围度部位	腰围	54	57	60	63	66	69
	臀围	64	68.5	73	77.5	82	86.5

表 12-7A 身高 135~155 cm 女童服装控制部位数值(单位:cm)

号		135	140	145	150	155
长度部位	身高	135	140	145	150	155
	坐姿颈椎点高	50	52	54	56	58
	全臂长	43	44.5	46	47.5	49
	腰围高	84	87	90	93	96

表 12-7B 身高 135~155 cm 女童服装控制部位数值(单位:cm)

上装型		60	64	68	72	76
围度部位	胸围	60	64	68	72	76
	颈围	28	29	30	31	32
	总肩宽	33.8	35	36.2	37.4	38.6

表 12-7C 身高 135～155 cm 女童服装控制部位数值(单位:cm)

下装型		52	55	58	61	64
围度部位	腰 围	52	55	58	61	64
	臀 围	66	70.5	75	79.5	84

第三节 童装原型结构设计原理

童装结构设计主要运用平面设计的方法。童装的结构设计一般使用原型法,在原型的基础上进行各种变化。原型是在平面裁剪上从内衣到外套所有服装结构设计的基础。

童装原型与女装原型十分相似,衣身原型也是以胸围尺寸与背长尺寸为基准而计算出来,加上一定的放松量。袖子原型是以衣身的袖窿尺寸与袖长尺寸为基准而计算出来的,是只能适合衣身原型,考虑放松量、收缩量而定的一片袖。

使用童装原型进行结构设计时,主要应注意以下几点:

一、前身下垂量的处理

儿童体型的特点是挺胸凸肚,所以童装原型中有前身下垂量。这个量是为腹凸设计的。没有下垂量的设计会是服装出现前短后长的弊病。童装原型中腹凸量的值约为 2.2～3.5 cm,在结构设计中,不能随意抹去。由腹凸造成的前后差主要通过以下方法处理。

(一) 收省

在衣身结构中,解决腹凸的最简洁直接的方法是形成一个指向腹部的侧缝省,即直接在衣身上收肚省,这样能很好地解决掉童装的前身下垂量。但实际上,在款式设计中,这个部位出现横省的情况很少见,所以大多时候会根据女装设计原理采取其他的一些方法解决腹凸造型,比如将肚省转移到侧缝。(图 12-3)

图 12-3 戴帽子儿童的上装使用了指向腹部的侧缝省解决前身下垂量

（二）转省

转省是将肚省转移到其他部位形成分割线或碎褶的形式。转省的目的是为了在合适的位置收省，比如上面收省中讲的将肚省转移为侧缝省，或者在合适的位置使用分割线将肚省转移掉。此外，抽碎褶也是肚省转移的好方法，既可以解决掉肚省，又能使款式多些变化。（图12-4，图12-5））

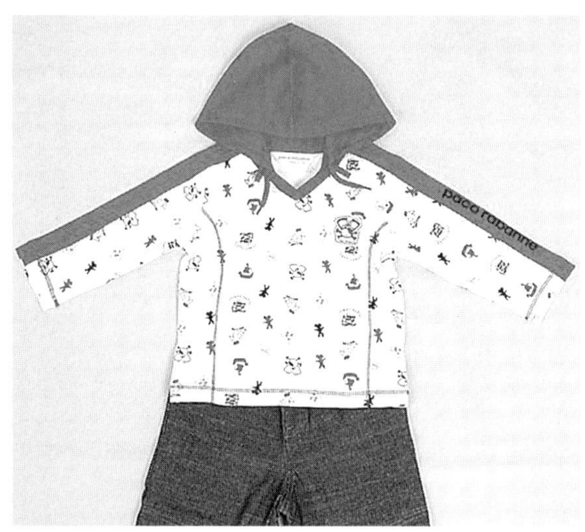

图12-4　童装衣身前片使用分割线是转移肚省的常用方法

图12-5　童装胸部抽褶既可以转移肚省又使服装款式更有设计感

（三）前袖窿下挖

前袖窿下挖相当于将肚省部分转移至前袖窿处，而在实际制作中并未缝合成型，使其形成浮余留在袖窿处，其原理就是袖窿下挖后与袖子缝合时，服装侧缝处会自然上提，这样可以将肚省分散掉一部分。但是由于它的量较小，大约0.5～1 cm，对服装的造型影响不大。（图12-6）

图12-6　将童装袖窿略微下挖可以转移掉部分肚省

（四）前底摆起翘

在无省的情况下，仅靠前袖窿下挖还平衡不了前后侧缝的差。而在前底摆处做起翘，就可以粗略地解决这个问题。这种做法实际是平面化的结构处理方法。它是将腹凸量人为地减小形成的。弥补了前短后长的缺陷。一般情况下，起翘与袖窿下挖的方法配合使用，适用于较宽松、平整感强的服装。（图12-7）

图 12-7 较宽松平整的童装常用底摆起翘解决肚省

图 12-8 儿童衬衣等开襟服装经常使用撇胸的方法解决肚省

（五）撇胸

撇胸的原理是将原型上的 A 点即前中心线最下面的点为圆心，将前中心线向袖窿处偏移合适的数值，使领口处增宽，将多余的前身下垂量在前胸处减掉。开放式领型，如西装领或前中心有分割线或开襟的合体服装，常用撇胸的方式隐蔽地解决腹凸问题，其结构实质是将肚省由侧缝转移至前中心线。（图 12-8）

童装前身为了美观一般不设省，腹凸常通过上述几种方法的综合运用得到解决。

二、原型围度的加放与缩减

儿童时期是人的一生中成长发育最快的时期，所以童装原型分为 1～12 岁的童装原型和 13～15 岁的少女装原型。1～12 岁的儿童身体成长快，活泼好动，童装原型的胸围放松量相对大些，比如，一般女装原型胸围放松量为 10 cm，1～12 岁童装原型采用 14 cm 的放松量；而少女装原型则更接近女装原型，如胸围放松量为 12 cm，介于女装与 1～12 岁童装之间，而且原型上有了 BP 点的标注。童装原型本身的结构适合制作一些较为中庸的款式，如宽松的衬衫、简单的外衣等。对一些合体的款式，如单衣和内衣进行结构设计时，一般需要对原型围度进行缩减处理。此时，袖的结构也要做相应处理。当内层衣物或外衣面料较厚重时，这时的结构要求对原型的围度作加放处理。加放的部位主要是胸围、袖窿深、后肩线和领窝宽。同样，袖子的结构也应配合袖窿宽度、深度的变化而变化。对于造型宽松的服装，其围度的放松量可以灵活掌握，胸宽、背宽、肩宽都可依据款式适当增加。同时袖窿的形态会趋于窄长形，而袖山也应配合衣身向宽松型发展。

童装原型的增减变化方法可参照女装原型的使用方法，只不过童装的变化量要小些、保守些，童装的造型也不像女装那样夸张和鲜明，一般也较少用衬、垫等辅料来塑形。围度缩减量也很有限，以免妨碍儿童的生长发育和活泼好动的要求。

三、不同年龄段的原型结构处理要点

儿童体形的特征随着年龄的差异会有很大的不同：幼童腹凸明显，是典型的凸腹后侧体；中童体形呈筒状，腹部的凸起随着年龄的增长而逐渐不明显；大童的胸廓开始发育，腹部也趋向平坦。从侧面看，胸凸超出腹凸成为挺出部位，因而在结构上，不同年龄儿童的原型结构及其用法也有一定差异。主要是前后侧缝差，在幼童中是作为肚省的，随着年龄的增加，其量不断地减少，又逐渐增加而成为胸省。在腰身的处理上，也很能体现年龄的差异。幼童的服装在腰腹部一般不做收入处理，甚至需要在前身做展开。中童的服装若要有收腰效果一般也仅在侧缝处收入较小的量，而且收腰的位置很高在腰节线以上5～8 cm处，衣片上一般也不设腰省。大童的合体服装收腰在腰节线以上，除了在侧缝处收入一部分尺寸，还可以在前后衣片上设腰省，整体的收入量较大。小童的西服上衣在前身呈上小下大的结构，利用分割线在胸围线处收入在腰围线以下放开，前身不设腰省。而大童的西服结构与成人的非常类似，有明显的收腰。童装原型袖山高加放的尺寸也与年龄密切相关，一般随着年龄的成长袖山高加放的尺寸可多加些，比如该尺寸幼儿期为1 cm，小童期和中童期为1.5 cm，大童期为2 cm。

婴儿装在臀部的围度上要加足够的放松量以便安放体积较大的尿布，且婴儿的腿不停地动，裤腿的围度也不能太瘦。幼童已开始进入幼儿园过集体生活，因此，幼童装在结构设计时要考虑孩子自己穿脱方便，上下装分开的形式比较多。服装的开口或系合物应设计在正面或侧面比较容易看得到摸得着的地方，并适量加大开口尺寸，扣系物要安全易使用。幼童好动，从结构上讲，幼童服装都需要有适当的放松量，但是下摆、袖口、裤脚口不宜过于肥大，且袖管、裙长、裤长也不宜太长，防止孩子走动时被绊倒或勾住其他东西。

本章小结

童装的结构设计是与其体型特点和心理特点相一致的。其款式变化的丰富性与女装类似，而其结构和造型的保守性又与男装类似，平面松身的结构又是童装的一贯特点。在进行结构设计时，要注意把握童装的特定要求，使服装既合体美观，又舒适方便，以适合儿童的需要。本章从儿童各个时期的体型特点入手，讲了童装长度、围度的确定以及童装的号型规格等童装结构设计的参考要素，然后从前身下垂量的处理、原型围度的加放与缩减以及不同年龄段的结构处理要点等几个重要方面讲了童装结构设计原理。这些内容都是童装结构设计的基本知识，也是童装设计师需要了解掌握的最起码的童装结构知识，童装的具体款式一般都是在此基本结构基础上做结构的变化设计。

思考与练习

1. 分析不同年龄儿童体型特点与童装结构的联系。
2. 收集多个品类或款式的童装商标,或者收集同一款式不同尺码童装的商标,分析其号型含义。
3. 设计一款童装并尝试画出平面结构图,着重注意童装结构要点的处理。

参考文献

1. 周丽娅,胡小冬. 系列童装设计. 北京:中国纺织出版社,2003
2. 徐雯. 服饰图案. 北京:中国纺织出版社,2000
3. 王鸣. 服装款式设计大系. 沈阳:辽宁科学技术出版社,2002
4. 吴俊. 男装童装结构设计与应用. 北京:中国纺织出版社,2001
5.《国际纺织品流行趋势》编辑部. 国际纺织品流行趋势,2008

后　记

中国作为世界上拥有儿童人数最多的国家，童装产业的发展具有非常大的潜力和市场，对优秀童装设计师有着很大的市场需求。但是，市场上比较系列、完整的有关童装设计理论的书籍和教材却很少，书店里陈列的童装书籍大都是某些童装款式的结构设计图示或者手工编织童装资料，这显然与童装产业背景和市场需求不相符合，于是产生了撰写一本系统的童装设计理论教材的想法，适逢东华大学服装设计专业核心系列教材的组织和编写，本人欣然承担了《童装设计》的撰写工作。

在此书撰写的过程中，得到了东华大学出版社编辑同志的热心帮助和支持，更得到了恩师刘晓刚教授的及时拨冗和指正，同时，此书的诞生还得到了于晓坤、孟祥令、茅丹、罗竞杰、朱达辉、刘雁等同事和朋友的关心帮助，在此表示由衷的感谢。

作者

彩图 4-1

彩图 4-2

彩图 4-3

▲ 彩图 4-4

▲ 彩图 4-5

彩图 4-6

彩图 4-7

彩图 4–8　彩图 4–9

彩图 4–10

▲ 彩图 4–11

▲ 彩图 4–12

▲ 彩图 4–13

◀ 彩图 4–14

▲ 彩图 4–15

▲ 彩图 4–16

◀ 彩图 4–17

▲ 彩图 4–18

▲ 彩图 4–19

▲ 彩图 4-20

▲ 彩图 4-21

▲ 彩图 4-22

彩图 4-23

彩图 4-24

彩图 4-25

▲ 彩图 4-26

▲ 彩图 4-27

▲ 彩图 4-28 婴儿装色彩多使用浅色调和满地花图案

▲ 彩图 4-29 幼儿装常用多种明快的色彩组合

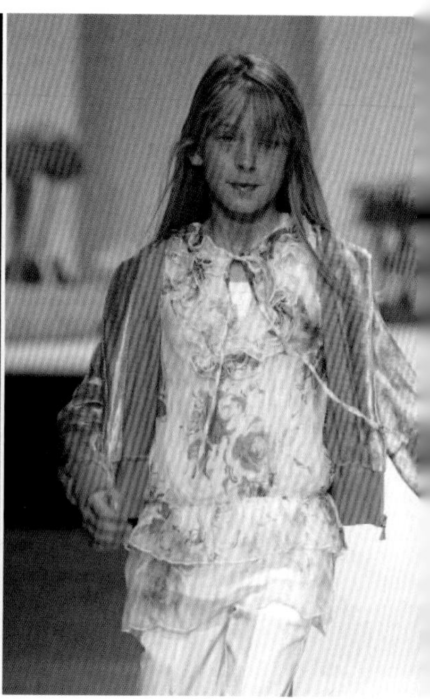

▲ 彩图 4–30 小童装色彩

▲ 彩图 4–31 中童装色彩可根据场合选择

彩图 4-32 大童装色彩接近于成人装

▶
彩图 4-33 材质感比较明显的面料服装色彩的变化也较丰富

◀ 彩图 4–34 性别是影响童装色彩设计的重要因素

▲ 彩图 4–35 儿童夏装多使用浅色调，秋冬季色彩偏深

▲ 彩图 4-36 西方国家童装多喜欢用灰色调，中国童装喜欢用亮色调

▲ 彩图 4-37 许多童装品牌有其相对固定的色彩形象

▲ 彩图 5-1 平布

▲ 彩图 5-2 色织布

▲ 彩图 5-3 斜纹布

图 5-4 珠帆布

▲ 彩图 5-5 牛仔布

彩图 5-6 尼龙布

▲ 彩图 5-7 灯芯绒

▲ 彩图 5-8 平纹布

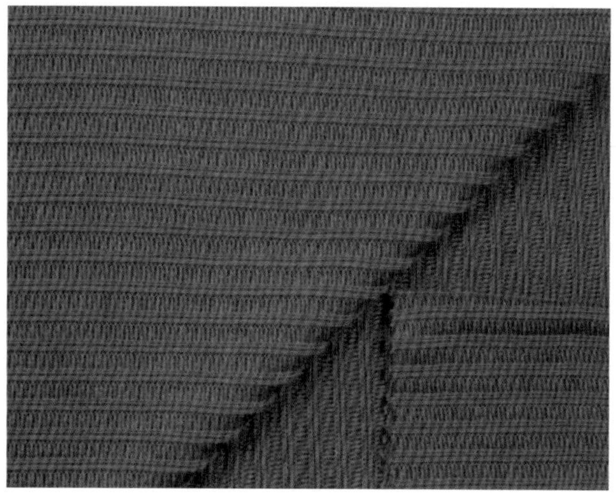

▲ 彩图 5-9 罗纹布

▲ 彩图 5-10 双面布

▲ 彩图 5-11 珠地布

▲ 彩图 5-12 毛巾布

▲ 彩图 5-13 卫衣布

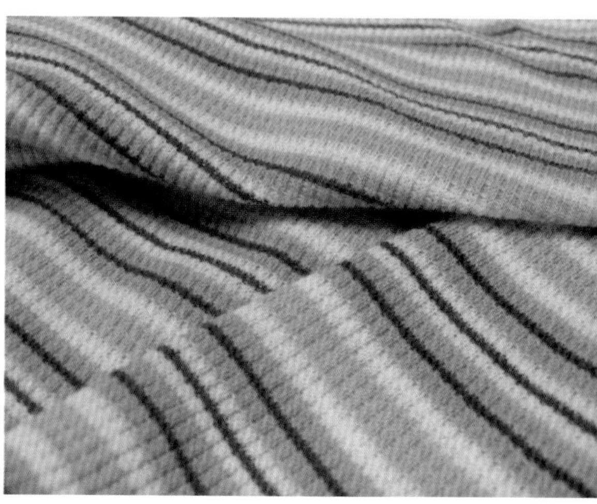

▲ 彩图 5-14 威化布

▲ 彩图 5-15 绒布

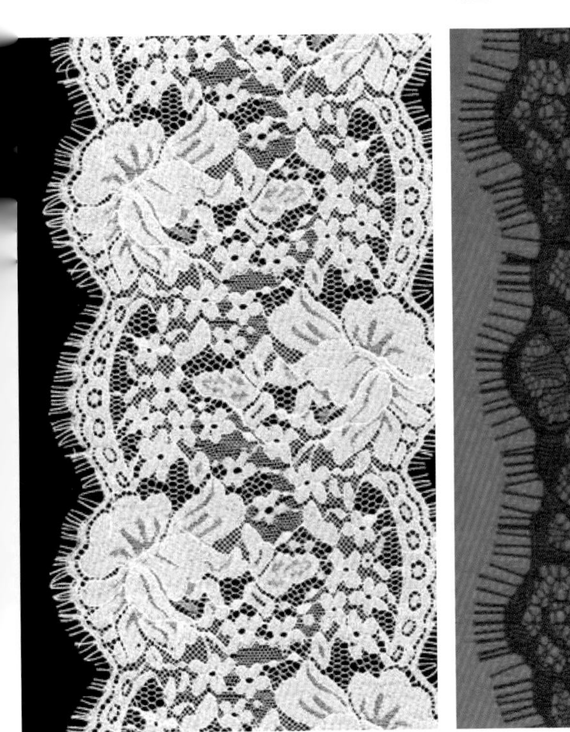
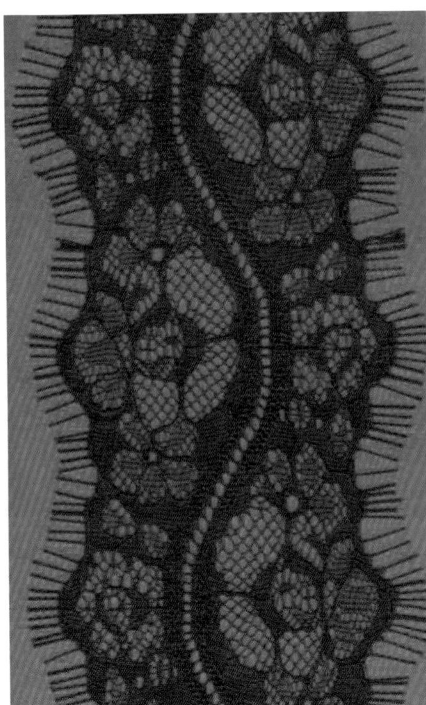

▲ 彩图 5-16 网扣花边类面料

▲ 彩图 5-17 平纹面料

▲ 彩图 5–18 斜纹面料

▲ 彩图 5–19 绒类面料

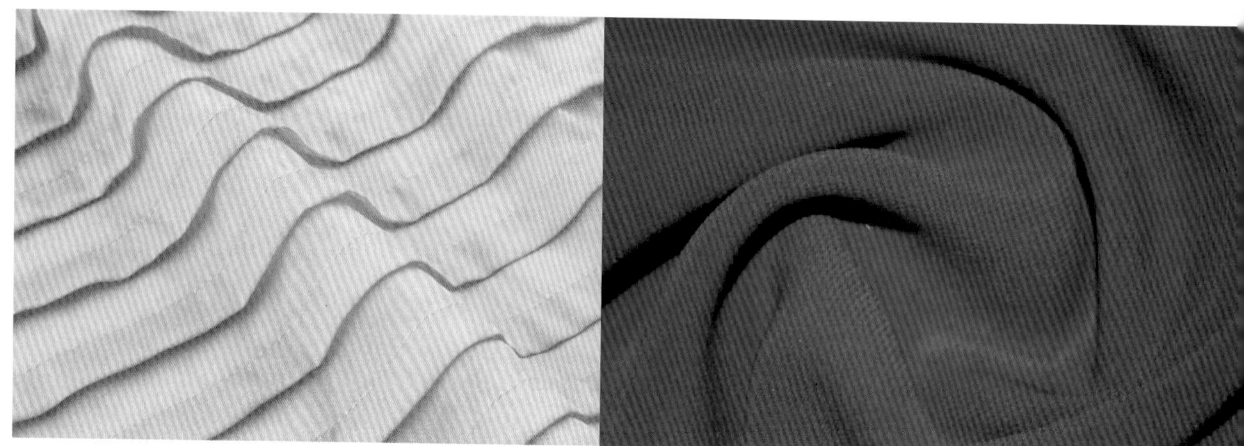

▲ 彩图 5–20 绉类面料

▲ 彩图 5–21 针织面料

▲ 彩图 5-22 毛圈面料

▲ 彩图 5-23 棉与化纤混纺面料

▲ 彩图 5-24 亚麻面料

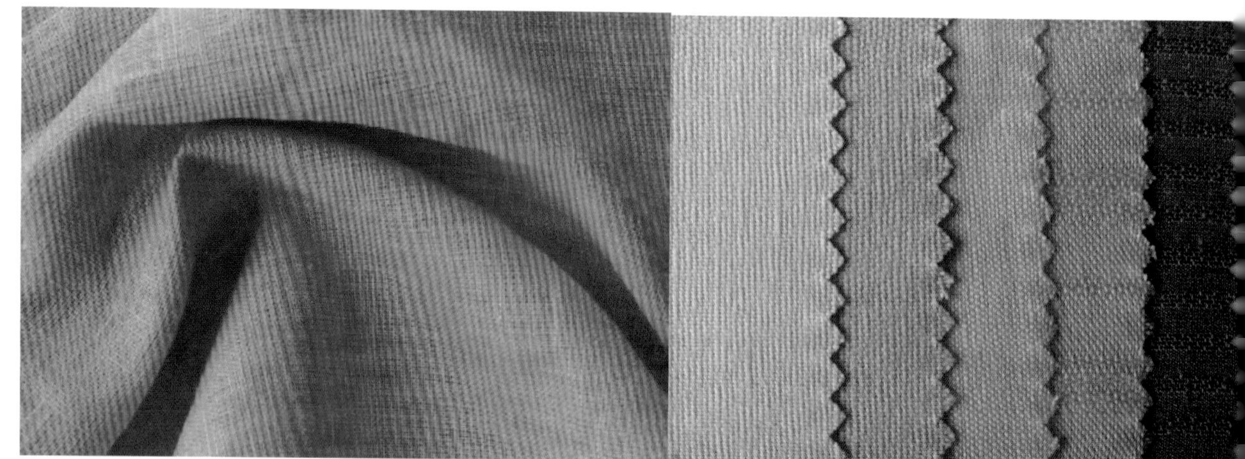
▲ 彩图 5-25 苎麻面料

▲ 彩图 5-26 麻混纺面料

▲ 彩图 5–27 粗纺毛织物

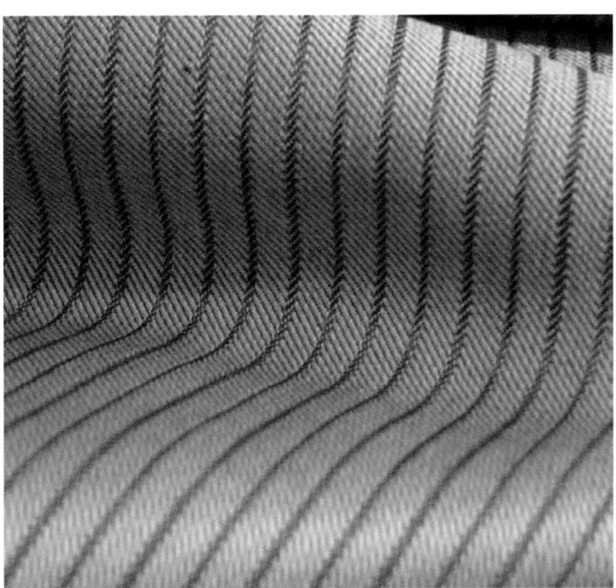

▲ 彩图 5–28 精纺毛毛织物

▲ 彩图 5–29 毛混纺织物

▲ 彩图 5-30 绉纱类丝织物

▲ 彩图 5-31 绸类丝织物

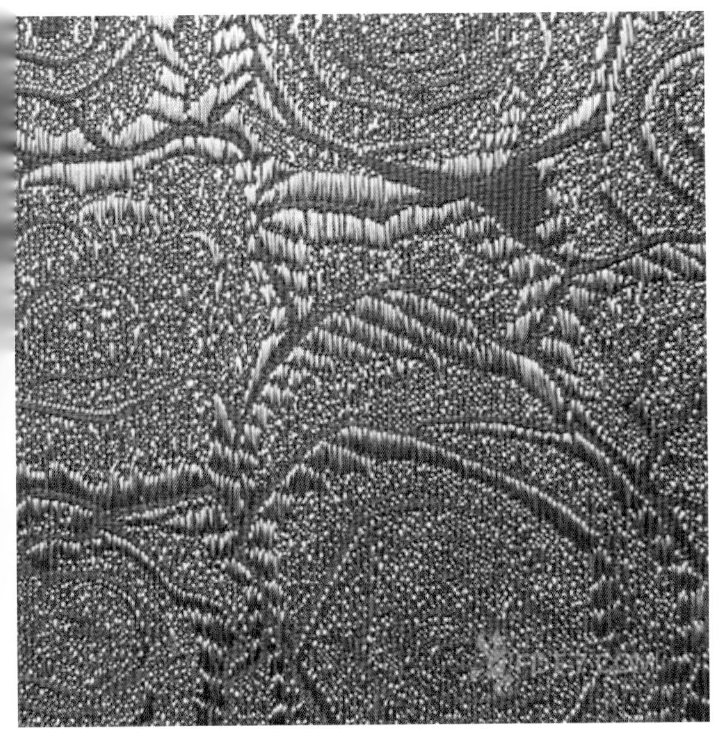

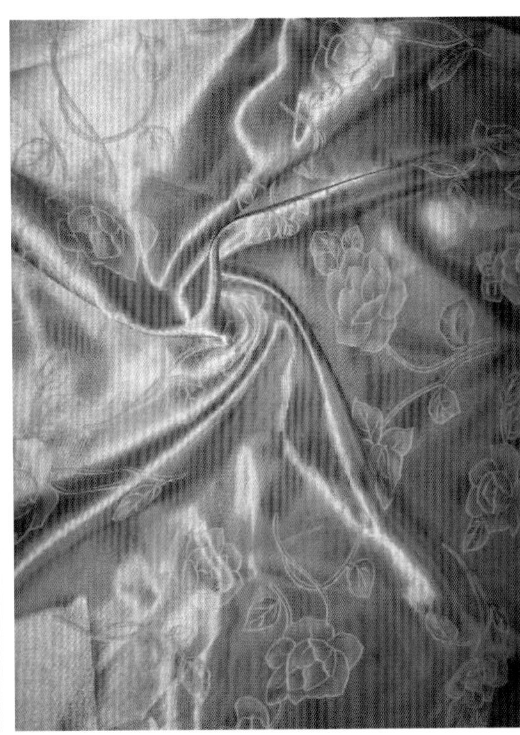

▲ 彩图 5-32 缎类丝织物

▲ 彩图 5-33a 各种化纤织物

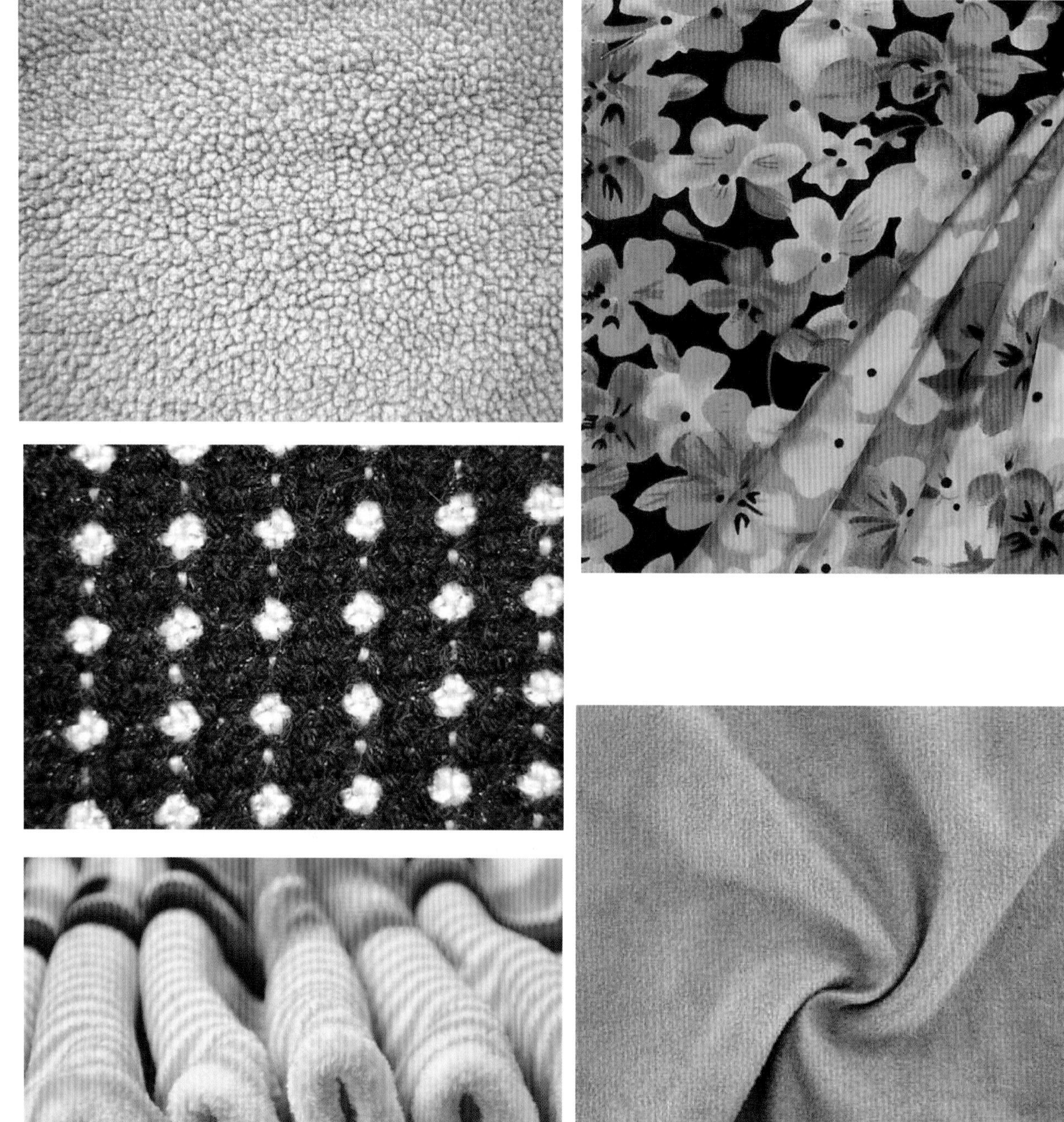

▲ 彩图 5-33b　各种化纤织物

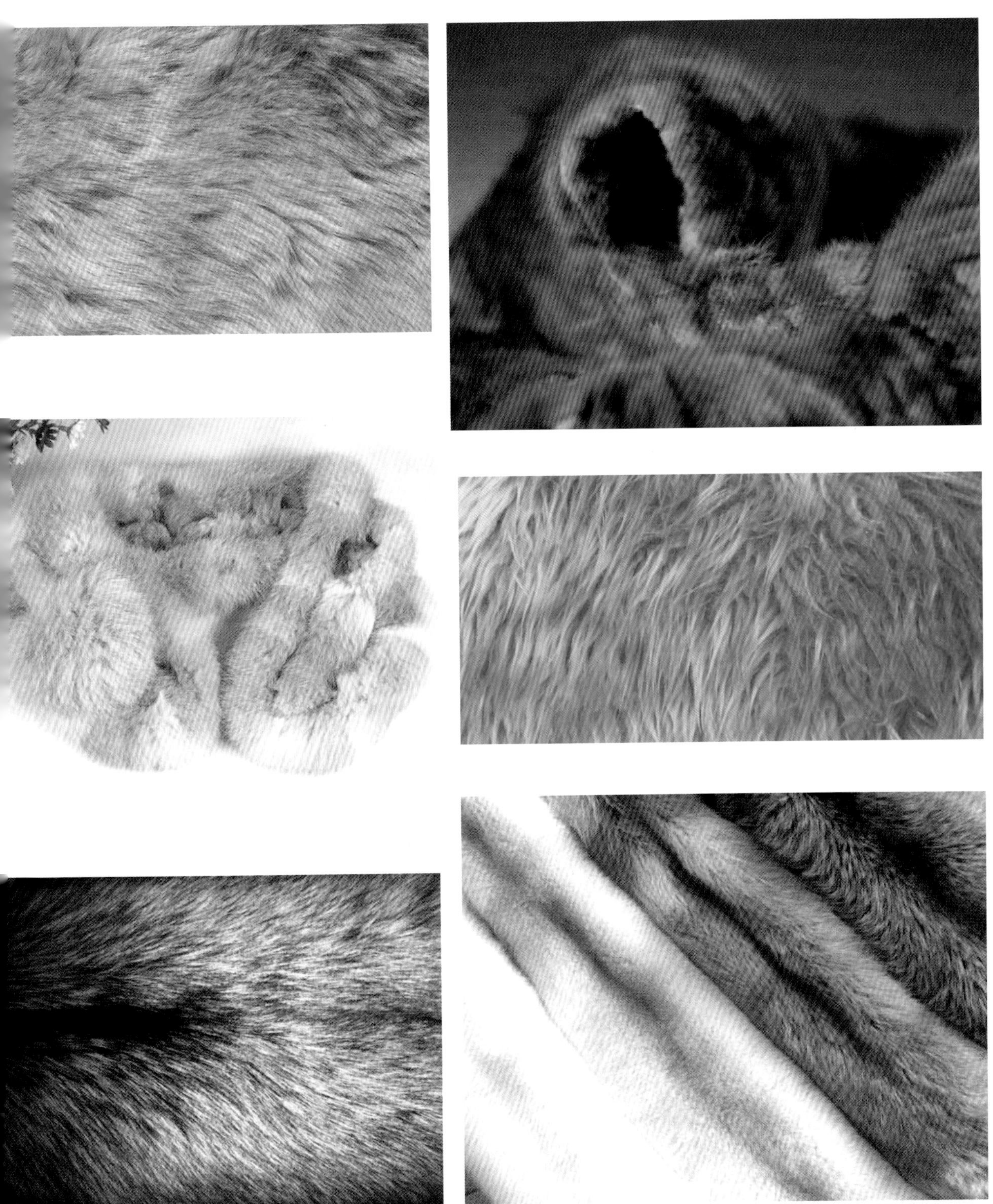

▲ 彩图 5-34a 各种皮草及皮革面料

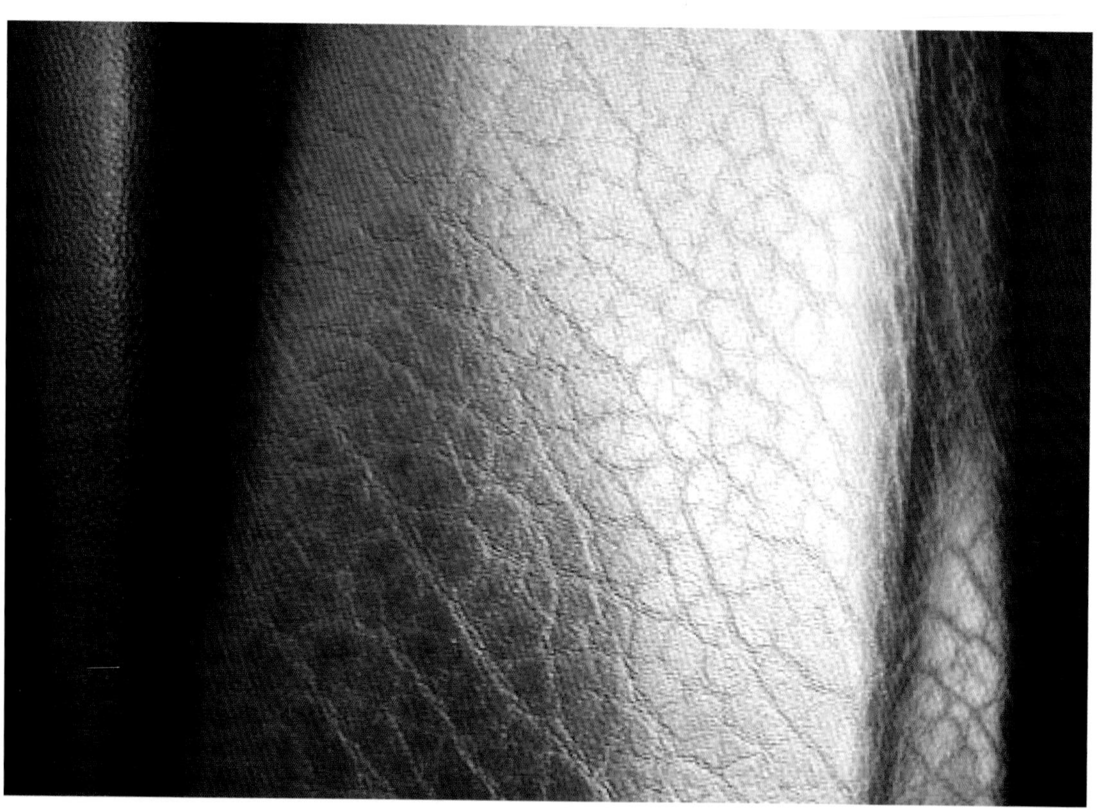

▲ 彩图 5-34b 各种皮草及皮革面料

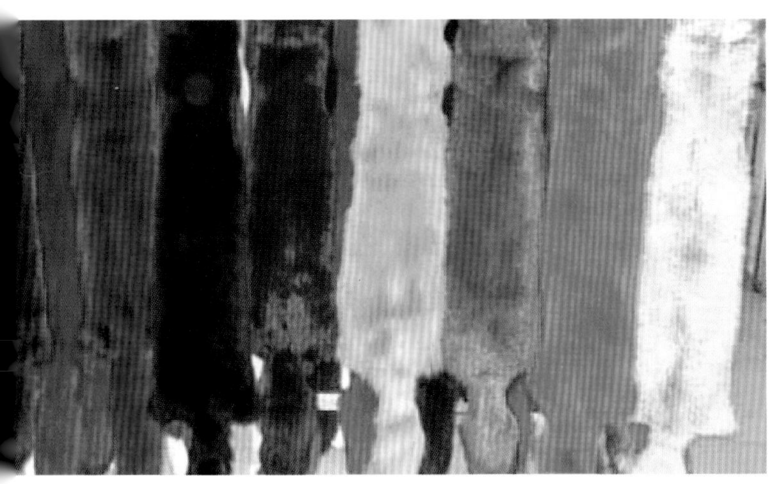

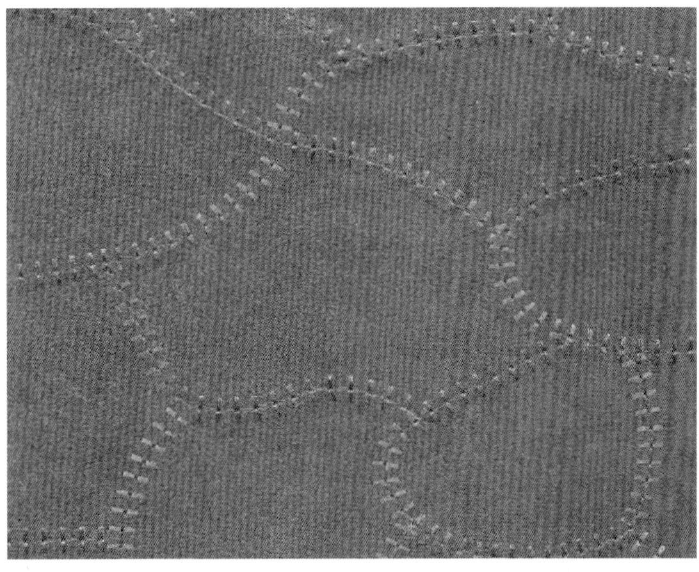

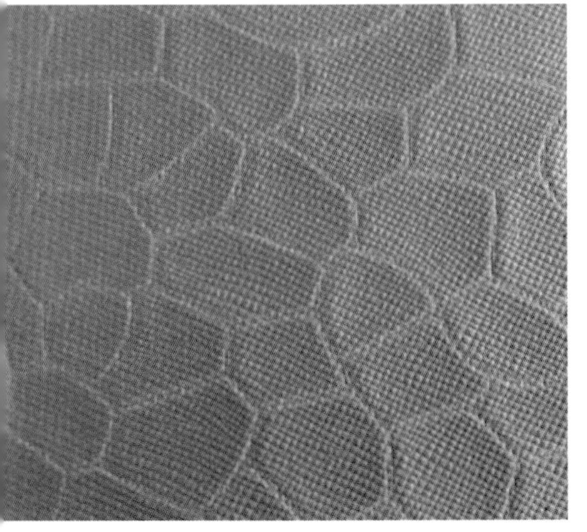

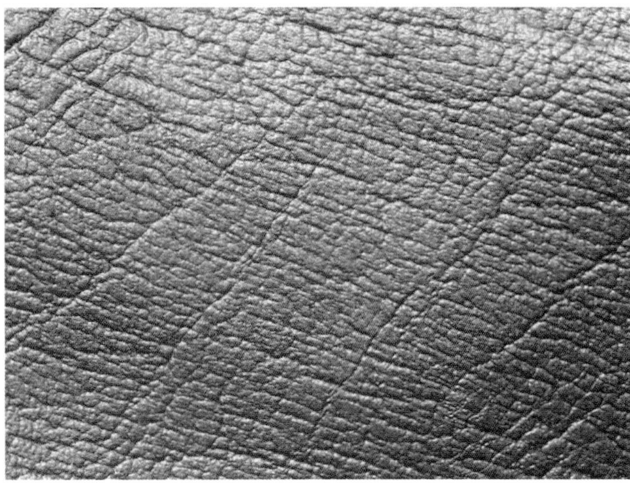

彩图 5-34c 各种皮草及皮革面料

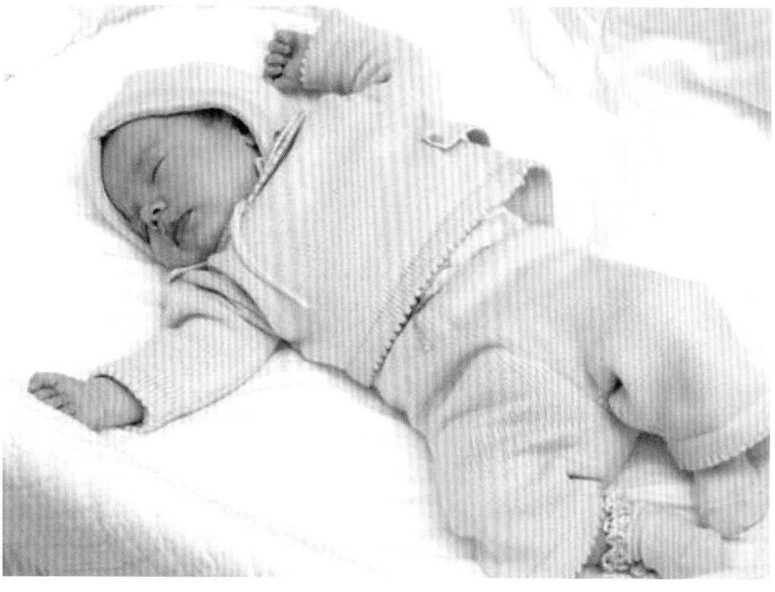

▲ 彩图 6-1 婴儿装多使用浅淡柔和的色彩

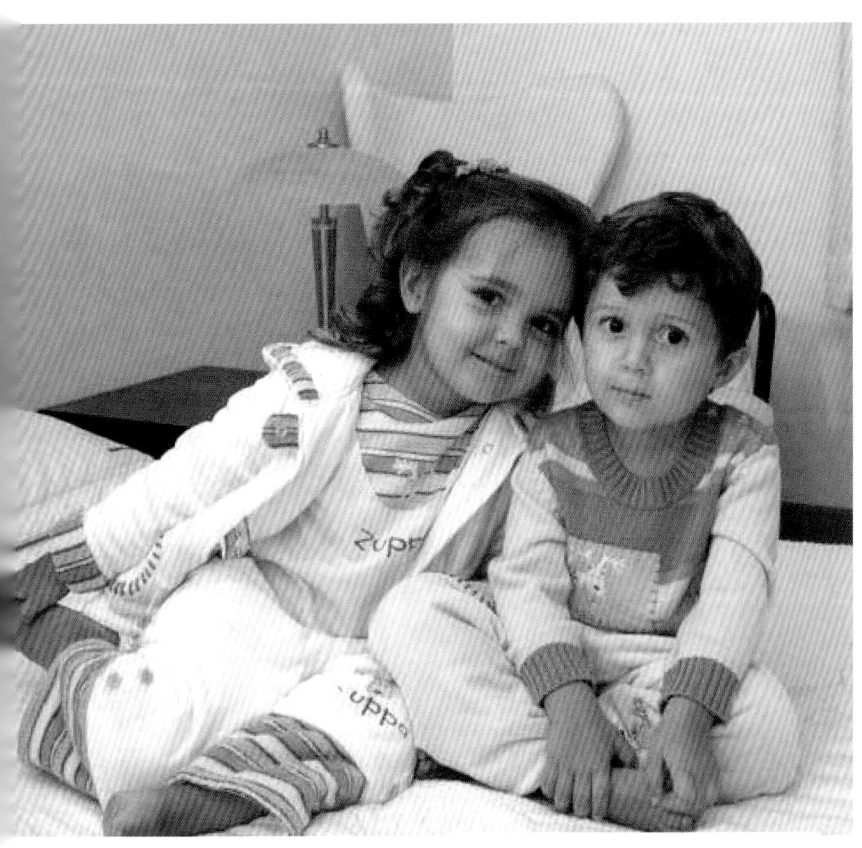

彩图 6-2 幼儿装常用鲜亮或对比较强的色彩

▲ 彩图 6-3 中童装的色彩不宜过分鲜艳

▲ 彩图 6-4 大童装的色彩接近成年人服装色彩